GAOXIAO JIANKANG
YANGROUJI
QUANCHENG SHICAO TUJIE

养殖致富攻略

高效健康

养肉鸡

全程实操图解

李淑青　曹顶国　主编

U0380982

中国农业出版社

编写人员

主　编　李淑青　曹顶国

副主编　李桂明

编　者（以姓氏笔画为序）

李桂明　李淑芹　李淑青

李福伟　杨英阁　周　艳

曹顶国　韩海霞　雷秋霞

前 言

中国肉鸡业经过 30 多年的发展，以高效率、低成本的优势，迅速发展成为中国农牧业领域中产业化程度较高的行业。我国 2017 年鸡肉产量 1 241 万吨，占禽肉产量的 65.4%、占肉类总产量的 14.7%，是我国居民仅次于猪肉的第二大肉类消费品。鸡肉是价格较低的肉类产品，也是人们喜食的肉类产品，对城乡居民膳食结构的改善和生活水平的提高发挥着不可替代的作用。

2010 年农业部下发专门文件《农业部关于加快推进畜禽标准化规模养殖的意见》明确提出，畜禽标准化规模养殖是现代畜牧业发展的必由之路。到 2017 年年底，共有 537 个肉鸡场通过标准化示范场验收。"小规模大群体"逐渐向以养殖企业（场）和农村专业养殖合作社为特征的"大规模小群体"过渡。当前生产中存在的突出问题是：一是重要传染病的防控形势依然严峻，新城疫、禽流感等疫病仍是肉鸡生产的主要威胁；二是规模化、工厂化肉鸡养殖过程对粪便、病死鸡等的处理有待加强；三是肉鸡产品药物残留超标等食品安全隐患仍然存在；四是鸡肉加工滞后，特别是黄羽肉鸡仍以活鸡上市为主，缺乏产品加工龙头企业，产品附加值低，保鲜期、货架期短；五是小规模饲养场（户）依然是我国肉鸡生产的组成部分，由于环境条件相对较差、专业知识欠缺等原因，在饲养管理中存在许多不规范的问题。

针对我国肉鸡生产中存在的实际问题，笔者从肉鸡的品种、饲料营养及饲料配制技术、商品肉鸡的健康养殖技术、肉种鸡的饲养管理、鸡场建设与环境控制、鸡场生物安全控制、鸡场的经营管理、废弃物的无害化处理等方面查阅了国内外有关肉鸡生产的专著和文献资料，吸收最新的实用生产技术进行总结阐述。特别是针对国家环保政策等方面的调整，对肉鸡生产现状与现行政策与标准做了梳理，力求让从业者了解国家政策和相关技术标准。本书采用表格、图片等形式多样的表达方式，生动讲述肉鸡生产的各个技术环节，专业术语用浅显易懂的语言做了注解，期望对我国肉鸡生产技术人员有所帮助。

在本书的编写过程中，参考了大量的文献资料，谨在此向文献作者表示诚挚的感谢。

由于编者的知识、能力和水平有限，时间仓促，错误与疏忽在所难免，希望广大读者给予批评指正。

编　者

2018 年 3 月

目录

一、肉鸡生产现状及相关政策与标准

目标
- 介绍我国肉鸡生产规模及养殖模式
- 介绍我国有关肉鸡养殖的法律法规
- 介绍我国规范肉鸡生产的相关标准

1.我国肉鸡生产规模及养殖模式

➤ 生产规模

纵观中国肉鸡业发展历程，大体经历了 3 个明显的发展阶段：第一阶段为缓慢增长阶段（1961—1978 年）。改革开放前，由于受各种因素的干扰，肉鸡生产发展缓慢。肉鸡出栏由 1961 年的 4.80 亿只增加到 1978 年的 10.00 亿只，年均增长率为 4.41%；鸡肉产量由 48.71 万吨增加到 107.75 万吨，年均增长率为 4.78%，市场供应十分紧张。第二阶段为快速增长阶段（1979—1996 年）。改革开放以后，随着家庭联产承包责任制的出现和独立自主市场主体的形成，中国所有制经济和生产体制出现了新的格局，中国肉鸡业在改革发展中进入快速增长阶段。鸡肉出栏由 1978 年的 10.00 亿只增加到 1996 年 45.37 亿只，年均增长率为 8.76%；鸡肉产量由 107.75 万吨增加到 613.86 万吨，年均增长率为 10.15%。特别是从 1984 年开始，中国现代肉鸡业迈开了成长的第一步，一批中外合资企业的进入，直接引进国外先进的生产技术和管理经验进行"高位嫁接"，中国肉鸡业在改革发展中进入专业化的高速发展时期。鸡肉产量由1984年的138.80万吨猛增到1996年的613.86万吨，增长4.4倍，年均增长率为13.2%。鸡肉人均消费量也由1.03千克发展到5.02千克，增长了4.9倍。第三阶段为标准化规模发展阶段（1997—2009年）。1997年以来，中国肉鸡养殖业进入标准化、规模发展阶段。自20世纪末，受畜产品结构性过剩、饲料资源和劳动力短缺、能源价格上升、畜禽疫病、畜产品质量安全和环境问题等多种因素的制约，中国畜牧业发展面临着市场和资源的双重约束和环境保护的压力，促使企业在激烈的市场竞争中，不断进行以提高质量、增加效益为目的结构优化调整，由数量增长型向质量效益型转变，养殖方式由散养向专业化、规模化转变，产业整合速度加快，初步形成了以养鸡龙头企业带动农户养鸡的产业化体系。

综上所述，中国的肉鸡业1978年以前发展缓慢，属于自给自足的家庭副业，在农业中处于补充地位。1979—1996年，是全面快速发展时期，肉鸡产业已成为我国畜牧业中规模化、集约化、组织化和市场化程度高的产业之一。实现了供求基本平衡的历史性跨越，从而奠定了其在畜牧业中的领先地位。

进入21世纪后，我国肉鸡生产的标准化、规模化水平进一步快速提升。农业部畜牧业司从2010年开始实施畜禽规模养殖标准化示范创建活动，使我国肉鸡产业的规划建设、技术能力和管理水平有了显著提高。为了摸清我国肉鸡养殖规模化发展现状，农业部畜牧业司为此专门下达了《关于畜禽规模化养殖有关情况调研的通知》（农监测便函2013第［124］号）。国家肉鸡产业技术体系于2013年6—8月，专门组织力量在我国肉鸡主要产区开展了大范围调研活动。通过研究分析，选定安徽、广东、广西、贵州、河北、河南、湖北、湖南、吉林、江苏、辽宁、山东、陕西、四川、浙江，共15个省/自治区作为调查对象，从调研结果看，全国专业肉鸡养殖平均单场年出栏规模为49 253只，单批饲养规模在1万只左右。我国目前肉鸡规模化发展程度相对发达国家较低且参差不齐，省际和地区之间差距很大，标准化规模养殖建设任重道远。建议以年出栏5万只以上作为肉鸡规模化界定的起点边界，山东省畜牧兽医局和山东省环境保护厅发布鲁牧畜科发〔2017〕4号文，正式公布肉鸡年出栏量为50 000只为肉鸡养殖场的规模标准。制定这一标准主要基于以下原因：一是提供了超过40%的肉鸡产量，在近3年的生产监测数据中甚至超过了60%，是我国肉鸡生产的主体。二是养殖方式上趋向专业化和正规化。更注重对生产设施设备的投入，绝大部分场（户）使用专门化房舍进行饲养，并且开始向机械化和标准化发展。开始关注相关的标准法规，也开始加入行业团体组织，其生产经营开始向正规化靠拢，更有利于管理和规范。而年出栏5万只以下的养殖场（户）在养殖方式和管理上随意性较强，依旧处于农业家庭副业的范畴。三是养殖收入占家庭总收入比例较高，其生产经营也更稳定。养殖规模越大，标准化、现代化的生产特征表现得更加明显。具体表现为：养殖规模越大，养殖专业化和生产经营正规化程度所占比例越高；养殖规模越大，养殖收入占比和从业的稳定性也越高；养殖规模越大，兼职其他产业的比例越低。

养殖模式

肉鸡的饲养模式主要包括地面厚垫料饲养、网上平养、笼养等。此外，黄羽肉鸡还可以采用放牧饲养模式，这种模式虽然受到中高消费群体的推崇，认为该养殖模式提供的产品是优质、安全的，这是一种误解，其实存在的风险与问题更多，因此不符合肉鸡标准化规模养殖的发展趋势，不作为主推技术模式介绍。

(1) 地面厚垫料饲养　我国肉鸡规模化养殖发展初期主要采用这种模式。应根据垫料资源（如稻壳、锯末等）状况选择清洁卫生、干燥柔软，灰尘少、吸水性强的优质垫料，禁止使用发霉的垫料。鸡舍全面清洗、干燥、消毒，垫料铺放均匀后，再进行熏蒸消毒。垫料厚约 10～15 厘米，根据污染状况翻动垫料，及时更换污染严重或过于潮湿的垫料。肉鸡出栏后将垫料和鸡粪一次性清除。饮水线漏水会造成垫料潮湿，舒适度降低，容易引发球虫病等疾病，还会促使鸡粪发酵，产生氨气等有害气体。这种养殖模式的优点是：技术简便易行，设备投资少，利于农作物废弃物再利用，粪污资源化利用。垫料吸潮、消纳粪便等污染物，有利于改善鸡舍环境质量。垫料松软，保持垫料处于良好状态可减少腿病和胸囊肿的发生。缺点主要是优质垫料如稻壳、锯末等需求量大，成本较高，而且不同地区的供应状况不同，很难在全国普遍推广。虽然垫料对废弃物有一定的消纳能力，但鸡群直接与垫料、粪便等直接接触，如果操作管理不当，容易发生球虫病等疾病。

(2) 网上平养　为降低球虫病等疫病的发生，我国有些肉鸡规模化场逐渐用该模式代替地面厚垫料养殖模式。网上平养是我国肉鸡生产的主要饲养模式之一，不论快大型肉鸡、优质肉鸡，还是 817 小型肉鸡都适合网上平养模式。目前各地设计网床高度差别较大，从 0.5 米到 1.7 米不等。从硫化氢、氨气等有害气体的分布规律来看，离地 0.6～1.0 米浓度较高，网床 0.5 米高时鸡群恰好处于该区间，设计自动清粪系统及时清除粪便可显著改善空气质量。目前网床设计主要有两种类型，一种是有过道设计，另一种是无过道设计。前者降低了有效使用面积，但饲养员操作管理较为方便。在饮水、喂料、清粪、鸡舍环境控制等实现自动化控制后，无过道设计应用较多。网床饲养提高了饲养密度，必须加强鸡舍环境控制、生物安全防控等，为鸡群提供良好的环境条件。该养殖模式的技术优点主要是：有利于改善鸡舍环境条件。网床饲养为自动清粪提供了条件，减少了鸡粪在舍内发酵所产生的有害气体排放，从根本上改善了鸡舍环境条件。有利于疫病防控。网上平养使鸡离开地面，减少了与粪便的接触，降低了球虫病等疫病的发生概率，有助于减少药物投放，提高食品安全水平。技术缺点主要是相比地面厚垫料饲养模式，尽管节省了平时购置垫料的费用，但需要购置网床设备，一次性设备投资较大。管理不善的条件下胸囊肿等发生率较高。

（3）笼养　是我国未来肉鸡生产的主导养殖模式。肉鸡笼养分为层叠式笼养和阶梯式笼养两种方式。笼养模式便于实现喂料、饮水、清粪等自动化操作，效率显著提高。层叠式笼养还能够实现肉鸡出栏的自动化操作，利用传送带把肉鸡送出鸡舍。自动化水平的提高不仅可以解决肉鸡生产劳动力不足的现实问题，还可降低工作人员进出带来的生物安全风险，对提高养殖水平和产品质量安全具有重要意义。笼养，特别是层叠式笼养实现了立体养殖，影响光照的均匀分布，必须采取照明设备分层次安装等技术措施，为不同位置的肉鸡提供良好的光照条件。笼养模式大幅度提高了存栏量，氨气、硫化氢等有害气体产生量大，因此需要先进的环境控制系统排出有害气体，为鸡群生长提供适宜的温度、湿度等环境条件。该模式的技术优点主要是：节约土地资源，土地资源紧张是制约肉鸡业发展的刚性制约因素之一，笼养方式单位面积存栏量是地面厚垫料饲养方式的 2 ~ 4 倍，提高了土地利用率；节约能源，饲养密度的增加，可以充分利用鸡群自身产热维持鸡舍温度，同时环境控制所需的能源等利用效率显著提高；劳动强度降低，该模式便于提升机械化、自动化水平，实现了人管设备、设备养鸡、鸡养人，饲养管理人员只需管理设备的正常运行，挑选病死鸡等，劳动效率显著提高。缺点主要是：设备投资高，笼养实现了立体养殖，鸡舍高度增加，质量要求高，购置笼具、环境控制等现代化设备需要大量投资，是制约笼养模式推广的主要因素；人员素质要求高，机械化水平的提升，饲养、管理人员大幅度减少，需要饲养人员既要有饲养管理技术，又要懂得饲养设备的维护管理，需要复合型的专业技术人才支撑企业的发展。

2.我国有关肉鸡养殖的法律法规

▶ 养殖用地

关于养殖用地，《中华人民共和国畜牧法》第四十条规定：禁止在下列区域内建设畜禽养殖场、养殖小区：（一）生活饮用水的水源保护区，风景名胜区，以及自然保护区的核心区和缓冲区；（二）城镇居民区、文化教育科学研究区等人口集中区域；（三）法律、法规规定的其他禁养区域。

《关于促进规模化畜禽养殖有关用地政策的通知（国土资发〔2007〕220号）》中关于统筹规划，合理安排养殖用地中规定：（三）规模化畜禽养殖用地的规划布局和选址，应坚持鼓励利用废弃地和荒山荒坡等未利用地、尽可能不占或少占耕地的原则，禁止占用基本农田。各地在土地整理和新农村建设中，可以充分考虑规模化畜禽养殖的需要，预留用地空间，提供用地条件。任何地方不得以新农村建设或整治环境为由禁止或限制规模化畜禽养殖。积极推行标准化规模养殖，合理确定用地标准，节约集约用地。（四）规模化畜禽养殖用地确定后，不得擅自将用地改变为非农业建设用途，防止借规模化养殖之机圈占土地进行其他非农业建设。

国土资源部、农业部《完善设施农用地管理有关问题的通知国土资发〔2010〕155 号》规定，规模化养殖中畜禽舍（含场区内通道）、畜禽有机物处置等生产设施及绿化隔离带用地；关于控制设施农业附属设施用地规模，规定畜禽养殖的附属设施用地原则上控制在项目用地规模 7% 以内（其中，规模化养牛、养羊的附属设施用地规模比例控制在 10% 以内），但最多不超过 15 亩*。

为贯彻落实《畜禽规模养殖污染防治条例》（国务院令第 643 号）和《水污染防治行动计划》（国发〔2015〕17 号），指导各地科学划定畜禽养殖禁养区，环境保护部、农业部制定了《畜禽养殖禁养区划定技术指南》。以优化畜禽养殖产业布局、控制农业面源污染、保障生态环境安全为目的，以统筹兼顾、科学可行、依法合规、以人为本为基本原则，根据《全国主体功能区划》《全国生态功能区划（修编版）》，综合考虑各区域主体功能定位及生态功能重要性，在与生态保护红线格局相协调前提下，以饮用水水源保护区、自然保护区的核心区和缓冲区、风景名胜区、城镇居民区、文化教育科学研究区等区域为重点，兼顾江河源头区、重要河流岸带、重要湖库周边等对水环境影响较大的区域，科学合理划定禁养区范围，切实加强环境监管，促进环境保护和畜牧业协调发展。目前全国各省（自治区、直辖市）均根据指南的要求制定了畜禽养殖布局规划，并要求在 2017 年底前完成禁养区内的规模化养殖场搬迁。因此，在建设规模化养殖场时，应符合当地畜牧主管部门制定的畜

* 亩为非法定计量单位，1 亩 = 1/15 公顷。

禽养殖布局规划的要求。

虽然有关权威专家一再解读"禁养区"≠"无畜禽区"，从法律概念来说，"禁养区"是指禁止建设养殖场和养殖小区的区域，即禁止建设达到各省级人民政府设定养殖规模以上养殖场所的区域，规模养殖标准请参照各省规定，对于设定养殖规模以下的养殖户来说，不是要禁止其养殖行为，而是指导其做好养殖污染防治工作。但有些地区在划定"禁养区"并进行清理整治时，对"禁养区"概念存在误读情况，主要表现为，在划定的"禁养区"实行"全面禁养"，即划定区域内一头猪或其他畜禽也不能养，现有养殖活动一律限期清理。因此，在养殖场选址过程中要特别给予关注。

党的十九大报告明确提出，保持土地承包关系稳定并长久不变，第二轮土地承包到期后再延长三十年。对养殖用地来说，这是一颗"定心丸"，现有、新建养殖场不用担心土地承包权即将到期而重新发包而带来的困扰。

▶ 环境保护

畜禽养殖业环境问题也已经成为妨碍产业本身健康发展的重要因素。粪便、尸体、废水等废弃物处置不当，将恶化生产环境，大量病原体、高浓度恶臭气体、粉尘等，都将严重危害畜禽健康，甚至导致疫病，直接威胁生产安全，导致经济损失。畜禽养殖造成的环境污染也常常引发社会问题，如由于恶臭或水污染等原因导致农村地区的民事纠纷，直接妨碍畜禽养殖经营活动。畜禽养殖业环境保护滞后，畜禽养殖废弃物资源的浪费，也直接妨碍产业综合效益的提高。农业要提升效益，就必须走综合利用的路子，走生态化、循环化的路子。畜禽养殖业要实现可持续发展、实现产业优化和升级，就必须搞好废弃物的综合利用，走种养结合、种养平衡的路子。为此，畜禽养殖业环境保护必须加强。因此，有关养殖污染的法律法规更需引起广大从业者的关注。

习近平总书记在党的十九大报告中指出，着力解决突出环境问题，提出强化土壤污染管控和修复，加强农业面源污染防治，开展农村人居环境整治行动。加强固体废弃物和垃圾处置。提高污染排放标准，强化排污者责任，健全环保信用评价、信息强制性披露、严惩重罚等制度。全国畜禽养殖废弃物资源化利用会议2017年6月27日在湖南省长沙市召开，时任国务院副总理汪洋强调，抓好畜禽养殖废弃物资源化利用，是事关畜产品有效供给和农村居民生产生活环境改善的重大民生工程。要认真贯彻落实新发展理念，坚持保供给与保环境并重，坚持政府支持、企业主体、市场化运作，全面推进畜禽养殖废弃物资源化利用，改善农业生态环境，构建种养结合、农牧循环的可持续发展新格局。

《中共中央国务院关于落实发展新理念　加快农业现代化　实现全面小康目标的若干意见》（2016中央1号文件）》为新时期农业发展作出了重要部署，其中畜牧从业者可关注以下几个方面：一是实施畜禽遗传改良计划，加快培育优异畜禽新品种，培育具有国际竞争力的现代种业企业；二是根据环境容量调整区域养殖布局，优化畜禽养殖结构；三是种养加一体、一二三产业融合发展引领未来养殖业发展方向；四是发挥多种形式农业适度规模经营引领作用；五是加强治理养殖面源污染；六是肉食药残留标准将与国际接轨。

《关于全面深化农村改革　加快推进农业现代化的若干意见（2014中央1号文件）》聚焦"三农问题"，其中畜牧从业者要重点关注有关强化农业支持保护制度，整合统筹涉农资金使用，建立农业可持续发展长效机制，促进生态友好型农业发展，加大生态保护力度，扶持发展新型农业经营主体等方面的内容。

《中华人民共和国畜牧法》第三十九条规定，有对畜禽粪便、废水和其他固体废弃物进行综合利用的沼气池等设施或者其他无害化处理设施是畜禽养殖场、养殖小区应当具备的五大条件之一。

《畜禽规模养殖污染防治条例》是为防治畜禽养殖污染，推进畜禽养殖废弃物的综合利用和无害化处理，保护和改善环境，保障公众身体健康，促进畜牧业持续健康发展而制定。由国务院于 2013 年 11 月 11 日发布，自 2014 年 1 月 1 日起施行。内容包括总则、预防、综合利用与治理、激励措施、法律责任、附则，共 6 章 36 条。

《国务院办公厅关于建立病死畜禽无害化处理机制的意见》于 2014 年 10 月 20 日由国务院办公厅以国办发〔2014〕47 号印发。内容包括总体思路、强化生产经营者主体责任、落实属地管理责任、加强无害化处理体系建设完善配套保障政策、加强宣传教育、严厉打击违法犯罪行为、加强组织领导 8 部分。

《水污染防治行动计划》由国务院于 2015 年 4 月 2 日发布施行。该行动计划因与已经出台的"大气十条"相对应，也称为"水十条"。关于农业农村的部分，要求为防治畜禽养殖污染科学划定畜禽养殖禁养区，2017 年底前，依法关闭或搬迁禁养区内的畜禽养殖场（小区）和养殖专业户，京津冀、长三角、珠三角等区域提前 1 年完成。现有规模化畜禽养殖场（小区）要根据污染防治需要，配套建设粪便污水贮存、处理、利用设施。散养密集区要实行畜禽粪便污水分户收集，集中处理利用。自 2016 年起，新建、改建扩建规模化养殖场（小区）要实施雨污分流、粪便污水资源化利用。

《土壤污染防治行动计划》是为了切实加强土壤污染防治，逐步改善土壤环境质量而制定的法规，由国务院于 2016 年 5 月 28 日发布施行。该计划要求严格规范兽药、饲料添加剂的生产与使用，防止过量使用，促进源头减量。加强畜禽粪便综合利用，在部分生猪大县开展种养业有机结合、循环发展试点。鼓励支持畜禽粪便处理利用设施建设，到 2020 年，规模化养殖场、养殖小区配套建设废弃物处理设施比例达到 75% 以上。

《中华人民共和国环境保护税法》已由中华人民共和国第十二届全国人民代表大会常务委员会第二十五次会议于 2016 年 12 月 25 日通过，自 2018 年 1 月 1 日起施行。对规模化养殖排放的应税污染物，不超过国家规定排放标准的，免征环保税。存栏规模大于 50 头牛、500 头猪、5000 羽鸡、鸭等的禽畜养殖场如果管理不善超过国家规定的排放标准就要缴纳税款。《中华人民共和国环境保护税法实施条例（征求意见稿）》第二十二条规定，环境保护税法第十二条第一项所称规模化养殖，是指具有一定规模并直接向环境排放应税污染物的畜禽养殖活动。规模化畜禽养殖场的具体标准由省、自治区、直辖市人民政府确定。规模化畜禽养殖场产生的畜禽养殖废弃物在符合国家和地方环境保护标准的设施、场所贮存，并采取粪肥还田、制取沼气、制造有机肥等方式进行综合利用和无害化处理的，属于环境保护税法第十二条第四项规定的免征环境保护税的情形。山东省畜牧兽医局、山东省环保厅《关于公布畜禽养殖场（小区）规模标准的通知？（鲁牧畜科发（2017）4 号）规定，肉鸡、肉鸭规模化养殖的标准为年出栏量在 50 000 万只以上。

质量安全

《中华人民共和国农产品质量安全法》由中华人民共和国第十届全国人民代表大会常务委员会第二十一次会议于 2006 年 4 月 29 日通过，自 2006 年 11 月 1 日起施行。本法旨为保障农产品质量安全，维护公众健康，促进农业和农村经济发展。内容包括总则、安全标准、农产品产地、农产品生产、包装标识、监督检查、法律责任及附则。

现行的《中华人民共和国食品安全法》是由中华人民共和国第十二届全国人民代表大会常务委员会第十四次会议于2015年4月24日修订通过，自2015年10月1日起施行。主要内容包括总则、食品安全风险监测和评估、食品安全标准、食品生产经营、食品检验、食品进出口、食品安全事故处置、监督管理以及法律责任等154条。

《饲料和饲料添加剂管理条例》。1999年5月29日中华人民共和国国务院令第266号发布实施。分别在2001年11月29日、2013年12月7日、2016年2月6日、2017年3月1日进行了修订。现行的内容包括总则、审定和登记、生产、经营和使用、法律责任，共5章51条。

▶ 生物安全

《中华人民共和国动物防疫法》立法宗旨是为加强对动物防疫活动的管理，预防、控制和扑灭动物疫病，促进养殖业发展，保护人体健康，维护公共卫生安全。1997年7月3日第八届全国人民代表大会常务委员会第二十六次会议通过，1998年1月1日起施行后，2007年8月30日第十届全国人民代表大会常务委员会第二十九次会议、2013年6月29日第十二届全国人民代表大会常务委员会第三次会议两次修订，内容包括总则、动物疫病的预防、动物疫情的报告、通报和公布、动物疫病的控制和扑灭、动物和动物产品的检疫、动物诊疗、监督管理、保障措施、法律责任。

《重大动物疫情应急条例》是为了迅速控制、扑灭重大动物疫情，保障养殖业生产安全，保护公众身体健康与生命安全，维护正常的社会秩序，根据《中华人民共和国动物防疫法》制定的。2005 年 11 月 16 日经国务院第 113 次常务会议通过，11 月 18 日公布施行。

为了加强兽药管理，保证兽药质量，防治动物疾病，促进养殖业的发展，维护人体健康，制定了《兽药管理条例》。该条例于 2004 年 4 月 9 日国务院令第 404 号发布，分别于 2014 年 7 月 29 日、2016 年 2 月 6 日修订。条例分为总则、新兽药研制、兽药生产、兽药经营、兽药进出口、兽药使用、兽药监督管理、法律责任、附则九部分。

3.我国肉鸡养殖的有关标准

《中华人民共和国标准化法》将标准划分为四种，既国家标准、行业标准、地方标准、企业标准。各层次之间有一定的依从关系和内在联系，形成一个覆盖全国且层次分明的标准体系。国家标准由国家标准化管理委员会编制计划、审批、编号、发布。国家标准代号为 GB 和 GB/T。对没有国家标准又需要在全国某个行业范围内统一的技术要求，可以制定地方标准，作为对国家标准的补充，当相应的国家标准实施后，该行业标准应自行废止。行业标准由行业标准归口部门编制计划、审批、编号、发布、管理。农业行业标准代号为 NY 和 NY/T。对没有国家标准和行业标准而又需要在省、自治区、直辖市范围内统一的要求，可以制定地方标准。地方标准由省、自治区、直辖市标准化行政主管部门统一编制计划、组织制定、审批、编号、发布。农业地方标准代号为 DB 和 DB/T。各类标准后有"/T"标注的，表示为推荐标准，没有的为强制性标准。企业标准是对企业范围内需要协调、统一的技术要求、管理要求和工作要求所制定的标准。企业产品标准的要求不得低于相应的国家标准或行业标准的要求。

由于标准具有很强的时效性，再加上肉鸡产业的快速发展，国家政策的调整，有些标准不一定符合目前及今后的生产实际，特别是地方标准，具有地域性限制。因此，以下收录的标准主要选择 2010 年以后颁布实施的，国家标准、农业行业标准详细说明了其适用范围，地方标准仅列出了标准名称和编号，供读者参考使用。

商品肉鸡生产技术规程 （GB/T 19664—2005）。本标准规定了商品肉鸡全程饲养的生产技术规程，包括饲养管理、卫生防疫、药物残留控制、环境保护等方面。本标准适用于大型现代快长型商品肉鸡饲养企业和中、小型商品肉鸡专业饲养。

黄羽肉鸡饲养管理技术规程 （NY/T 1871—2010）。本标准规定了黄羽肉鸡种鸡和商品鸡生产过程中的术语和定义、总体要求、种鸡饲养管理和商品肉鸡饲养管理要求。本标准适用于黄羽肉鸡的饲养与管理。

标准化肉鸡养殖场建设规范 （NY/T 1566—2007）。本标准规定了标准化肉鸡养殖场的建设内容、生产工艺、选址、布局、舍内环境参数、建筑基本要求、公用工程、防疫设施和环境保护的基本要求,适用于年提供 50 万只以上肉雏鸡的孵化厂,单批饲养量 5 000 只以上商品肉鸡养殖场的建设。

肉鸡生产性能测定技术规范 （NY/T 828—2004）。本标准规定了肉种鸡、商品肉鸡生产性能测定的程序、项目和条件。本标准适用于家禽生产性能测定站 （中心）对肉种鸡、商品肉鸡生产性能的测定。

标准化养殖场　肉鸡 （NY/T 2666—2014）。本标准规定了肉鸡标准化养殖场的基本要求、选址和布局、生产设施与设备、管理与防疫、废弃物处理和生产水平等。本标准适用于商品肉鸡规模养殖场的标准化生产。

地方标准主要有：肉鸡场生产技术规范（DB31/T 303—2014）、肉鸡发酵床饲养技术规程（DB37/T 2406—2013）、优质肉鸡商品代饲养管理技术规程（DB51/T 1277—2011）、商品肉鸡笼养技术规程（DB37/T 1818—2011）、肉鸡福利养殖环境评价方法（DB37/T 1609—2010）、优质肉鸡商品代养殖场建设规范（DB51/T 2336—2017）、规模化商品肉鸡场建设（DB41/T 1321—2016）、绿色食品 肉鸡生产技术操作规程（DB23/T 735—2016）、肉鸡标准化养殖技术规范（DB41/T 1129—2015）、肉鸡热应激防控技术规程（DB13/T 2241—2015）、白羽肉鸡规模养殖生产技术规范（DB23/T 1600—2015）、哈伯德肉鸡祖代鸡饲养管理技术规程（DB34/T 2231—2014）、无公害商品肉鸡饲养管理技术规范（DB22/T 2121—2014）、白羽肉鸡立体养殖技术规程（DB14/T 879—2014）、商品代白羽肉鸡饲养管理规范（DB14/T 869—2014）、商品肉鸡养殖场（小区）疫病防治技术规范（DB11/T 1101—2014）、无抗生素添加剂日粮饲养肉鸡管理规程（DB65/T 3472—2013）、规模化肉鸡场建设规范（DB64/T 843—2013）、富硒肉鸡生产技术规程（DB61/T 557.7—2012）、地方优质肉鸡安全生产技术规范（DB22/T 1576—2012）、肉鸡养殖成套设备 技术条件（DB34/T 1655—2012）、肉鸡标准化养殖小区饲养管理技术规范（DB63/T 965—2011）、黄羽肉鸡、肉杂鸡、土杂鸡、乌骨鸡浓缩饲料（DB61/T 389—2009）和肉鸡复合预混合饲料安全准则（DB43/T 1055—2015）。

二、生产中应用的主要肉鸡品种

目标
- 介绍我国肉鸡生产的品种类型
- 介绍我国目前生产中的快大型白羽肉鸡品种
- 介绍我国培育的黄羽肉鸡新品种（配套系）
- 介绍817肉鸡生产取得的新进展

目前我国肉鸡生产的品种分为三大类型，分别是白羽肉鸡、黄羽肉鸡和817肉鸡。

1. 白羽肉鸡

白羽肉鸡

白羽肉鸡与黄羽肉鸡的概念类似，是指我国从国外引进的肉鸡专用品种（配套系）的统称。该类肉鸡具有生长速度快、饲料报酬高的特点，肌肉较嫩，适于速炸速烤等加工烹调方式。我国目前白羽肉鸡品种仍然依赖进口，多年来我国只引进祖代种鸡，建立起祖代－父母代－商品代的良种繁育体系。我国自2005年以来引进的品种确实羽色全为白色，包括AA+、罗斯308、哈伯德和科宝500，其中AA+和罗斯308一直占主导地位，两者的市场占有率多年来稳定在77%以上。由于受到主要引种国家暴发禽流感等因素的影响，2016年引种结构发生了变化，四者分别占引种量的 29.80%、36.20%、20.27%和 13.72%。需要特别指出的是，山东益生种畜禽股份有限公司 2016 年引进哈伯德曾祖代种鸡 1.7 万只，缓解了我国白羽肉鸡种源供应受禽流感等疫情暴发等因素而导致的引种中断带来的威胁。

白羽肉鸡的饲养方式由 20 世纪 80 年代刚引进时的厚垫料平养模式，发展到 90 年代的网上平养模式，实现了鸡与鸡粪的分离，降低了球虫病的危害。近 10 年来，特别是"十二五"以来，随着标准化规模养殖的推进、养殖用地紧缺等多种因素的影响，笼养已成为我国白羽肉鸡生产的发展趋势。笼养具有提高土地利用率、生产效率的优点，但也存在投资规模大等缺点。不同养殖模式的技术要点等将在后面详细介绍。

▶ 爱拔益加 /AA+

AA+ 是美国爱拔益加公司培育的肉鸡品种。该品种全身羽毛白色，体型大，胸宽腿粗，肌肉发达，尾羽短。适应性强，生长速度快，饲料转化率高。我国从 1981 年起，就有广东、上海、江苏、北京和山东等许多省、直辖市先后引进祖代种鸡，父母代与商品代的饲养已遍布全国，深受生产者和消费者欢迎，成为我国白羽肉鸡市场的重要品种。2005 年以来该品种的引种量占 40% 以上，是名副其实的当家品种。2015 年以后受美国暴发禽流感疫情等因素的影响，所占比重有所降低。根据山东益生种畜禽股份有限公司提供的数据，商品代在公母混养的条件下，42 日龄体重 2 793 克，料重比 1.70：1；49 日龄体重 3 427克，料重比 1.84：1。见图 2-1。

图 2-1 爱拔益加

▶ 罗斯308

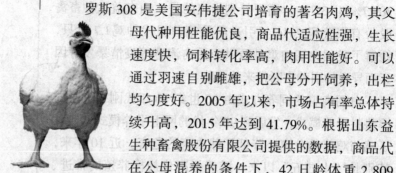

图 2-2　罗斯 308

罗斯 308 是美国安伟捷公司培育的著名肉鸡，其父母代种用性能优良，商品代适应性强，生长速度快，饲料转化率高，肉用性能好。可以通过羽速自别雌雄，把公母分开饲养，出栏均匀度好。2005 年以来，市场占有率总体持续升高，2015 年达到 41.79%。根据山东益生种畜禽股份有限公司提供的数据，商品代在公母混养的条件下，42 日龄体重 2 809 克，料重比 1.69 : 1；49 日龄体重 3 457 克，料重比 1.83 : 1。见图 2-2。

▶ 哈伯德

哈伯德肉鸡是法国哈伯德国际育种公司培育的优良品种，安伟捷于 2017 年 8 月 1 日宣布其与哈伯德国际育种公司签署了收购协议，哈伯德国际育种公司成为安伟捷的全资子公司。早在 20 世纪 80 年代初我国就从哈伯德公司引种，21 世纪最初的 10 年市场占有率较低，2015 年引种量占 20.67%，2016 年山东益生种畜禽股份有限公司引进曾祖代，显著提高了该品种在国内的市场占有率。该品种适应性，抗病性强，生产性能高。根据山东益生种畜禽股份有限公司提供的数据，商品代在公母混养的条件下，42 日龄体重 2 885 克，料重比 1.70 : 1；49 日龄体重 3 513 克，料重比 1.83 : 1。见图 2-3。

▶ 科宝500

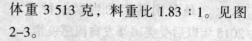

图 2-3　哈伯德

科宝 500 原产于美国，体型大，胸深背阔，全身白羽，鸡头大小适中，单冠直立，冠髯鲜红，虹彩橙黄，脚高而粗。2005 年以来国内市场占有率一直在 20% 左右。商品代生长快，均匀度好，肌肉丰满。商品代在公母混养的条件下，42 日龄体重 2 857 克，料重比 1.68∶1；49 日龄体重 3 506 克，料重比 1.82∶1。

2. 黄羽肉鸡

（1）黄羽肉鸡　黄羽肉鸡的概念是从 20 世纪的优质肉鸡的概念演变过来的，关于优质肉鸡的概念，是指饲养期较长、肉质鲜美、体型外貌符合消费者的喜好及消费习惯、销售价格较高的地方鸡种或杂交改良鸡种。优质肉鸡的概念的提出，行业内有异议，不能认为地方品种就是优质肉鸡，白羽肉鸡等就不是优质鸡，因此，用黄羽肉鸡代替了优质肉鸡的概念。需要特别强调的是，黄羽肉鸡的羽色不限于黄色，黑羽、麻羽、麻黄羽、花羽、红羽，甚至白羽，只要是地方品种所出现的羽色，均归于黄羽肉鸡的范畴。

（2）自主培育新品种（配套系）　以我国地方优良品种为素材，培育具有自主知识产权的黄羽肉鸡新品种（配套系），适应中华民族独特的消费习惯，已经形成区域优势明显的产业体系，处于世界领先水平。农业部畜禽遗传资源委员会负责培育品种的审定，通过审定的品种（配套系）以中华人民共和国农业部公告的形式向社会公布，截至 2017 年 9 月，通过国家级品种审定的新品种（配套系）54 个，其中文昌鸡为地方品种，京海黄鸡为培育品种，地方鸡种 30 个。详见表 2-1。

表 2-1　通过国家品种审定的黄羽肉鸡新品种（配套系）

证书编号	配套系名称	第一培育单位
农 09 新品种证字 1 号	康达尔黄鸡 128	深圳康达尔有限公司家禽育种中心
农 09 新品种证字 3 号	江村黄鸡 JH-2 号	广州市江丰实业有限公司

（续）

证书编号	配套系名称	第一培育单位
农 09 新品种证字 4 号	江村黄鸡 JH-3 号	广州市江丰实业有限公司
农 09 新品种证字 5 号	新兴黄鸡 II 号	广东温氏食品集团有限公司
农 09 新品种证字 6 号	新兴矮脚黄鸡	广东温氏食品集团有限公司
农 09 新品种证字 7 号	岭南黄鸡 I 号	广东省农业科学院畜牧研究所
农 09 新品种证字 8 号	岭南黄鸡 II 号	广东省农业科学院畜牧研究所
农 09 新品种证字 9 号	京星黄鸡 100	中国农业科学院畜牧研究所
农 09 新品种证字 10 号	京星黄鸡 102	中国农业科学院畜牧研究所
农 09 新品种证字 12 号	邵伯鸡	江苏省家禽科学研究所
农 09 新品种证字 13 号	鲁禽 1 号麻鸡	山东省农业科学院家禽研究所
农 09 新品种证字 14 号	鲁禽 3 号麻鸡	山东省农业科学院家禽研究所
农 09 新品种证字 15 号	文昌鸡	海南省农业厅
农 09 新品种证字 16 号	新兴竹丝鸡 3 号	广东温氏南方家禽育种有限公司
农 09 新品种证字 17 号	新兴麻鸡 4 号	广东温氏南方家禽育种有限公司
农 09 新品种证字 18 号	粤禽皇 2 号鸡	广东粤禽育种有限公司
农 09 新品种证字 19 号	粤禽皇 3 号鸡	广东粤禽育种有限公司
农 09 新品种证字 20 号	京海黄鸡	江苏京海禽业集团有限公司
农 09 新品种证字 23 号	良凤花鸡	广西南宁市良凤农牧有限责任公司
农 09 新品种证字 24 号	墟岗黄鸡 1 号	广东省鹤山市墟岗黄畜牧有限公司
农 09 新品种证字 25 号	皖南黄鸡	安徽华大生态农业科技有限公司
农 09 新品种证字 26 号	皖南青脚鸡	安徽华大生态农业科技有限公司
农 09 新品种证字 27 号	皖江黄鸡	安徽华卫集团禽业有限公司
农 09 新品种证字 28 号	皖江麻鸡	安徽华卫集团禽业有限公司
农 09 新品种证字 29 号	雪山鸡	江苏省常州市立华畜禽有限公司
农 09 新品种证字 30 号	苏禽黄鸡 2 号	江苏省家禽科学研究所
农 09 新品种证字 31 号	金陵麻鸡	广西金陵养殖有限公司
农 09 新品种证字 32 号	金陵黄鸡	广西金陵养殖有限公司
农 09 新品种证字 33 号	岭南黄鸡 3 号	广东智威农业科技股份有限公司
农 09 新品种证字 34 号	金钱麻鸡 1 号	广州宏基种禽有限公司
农 09 新品种证字 35 号	南海黄麻鸡 1 号	佛山市南海种禽有限公司

（续）

证书编号	配套系名称	第一培育单位
农 09 新品种证字 36 号	弘香鸡	佛山市南海种禽有限公司
农 09 新品种证字 37 号	新广铁脚麻鸡	佛山市高明区新广农牧有限公司
农 09 新品种证字 38 号	新广黄鸡 K996	佛山市高明区新广农牧有限公司
农 09 新品种证字 39 号	大恒 699 肉鸡	四川大恒家禽育种有限公司
农 09 新品种证字 42 号	凤翔青脚麻鸡	广西凤祥集团畜禽食品有限公司
农 09 新品种证字 43 号	凤翔乌鸡	广西凤祥集团畜禽食品有限公司
农 09 新品种证字 46 号	五星黄鸡	安徽五星食品股份有限公司
农 09 新品种证字 47 号	金种麻黄鸡	惠州市金种家禽发展有限公司
农 09 新品种证字 49 号	镇宁黄鸡	宁波市振宁牧业有限公司
农 09 新品种证字 50 号	潭牛鸡	海南（潭牛）文昌鸡股份有限公司
农 09 新品种证字 51 号	三高青脚黄鸡 3 号	河南三高农牧股份有限公司
农 09 新品种证字 55 号	天露黄鸡	广东温氏食品集团股份有限公司
农 09 新品种证字 56 号	天露黑鸡	广东温氏食品集团股份有限公司
农 09 新品种证字 57 号	广大梅黄 1 号肉鸡	浙江光大种禽业有限公司
农 09 新品种证字 59 号	桂凤二号黄鸡	广西春茂农牧集团有限公司
农 09 新品种证字 60 号	天农麻鸡	广东天农食品有限公司
农 09 新品种证字 63 号	温氏青脚麻鸡 2 号	广东温氏食品集团股份有限公司
农 09 新品种证字 65 号	科朗麻鸡	台山市科朗现代农业有限公司
农 09 新品种证字 66 号	金陵花鸡	广西金陵农牧集团有限公司
农 09 新品种证字 69 号	京星黄鸡 103	中国农科院北京畜牧兽医研究所
农 09 新品种证字 71 号	黎村黄鸡	广西祝氏农牧有限责任公司
农 09 新品种证字 74 号	鸿光黑鸡	广西鸿光农牧有限公司
农 09 新品种证字 75 号	参皇鸡 1 号	广西参皇养殖集团有限公司

上述审定品种按照生长速度，黄羽肉鸡可以分为三种类型，即快速型、中速型和慢速型。近年来为了适应市场需求，育种单位研发了蛋肉兼用型黄羽肉鸡。

快速型　生长速度快，料重比相对较低，出栏时间一般不超过 65 天，养殖效率较高。代表品种主要有新广黄鸡、凤翔青脚麻鸡、金陵花鸡、岭南黄鸡Ⅱ号、粤禽皇 2 号等。

中速型　生长速度适中，兼顾了生长速度等生产效率指标和鸡肉品质指标，出栏时间一般为 70～95 日龄。近年来受到禽流感疫情等因素许多大中城市关闭活鸡市场的情况下，业内人士认为中速型黄羽肉鸡是冰鲜鸡的理想类型。代表品种主要有京星黄鸡 103、温氏青脚麻鸡 2 号、新兴黄鸡Ⅱ号、岭南黄鸡Ⅰ号、江村黄鸡、鲁禽 1 号麻鸡等。

慢速型　着重追求口感、风味等肉质指标，出栏时间一般在 95 天以上，甚至在 150 天以上，因此，饲养周期长、饲养成本高成为制约其快速发展的重要因素。以活鸡销售为主，市场售价明显高于其他品种类型，主要供应中高档餐厅、酒店和家庭消费，还有一部分进入礼品市场。代表品种是我国各地的地方品种资源，以及以此为素材培育的少数品种，如文昌鸡、清远麻鸡、汶上芦花鸡、琅琊鸡、雪山鸡、鲁禽 3 号麻鸡等。

我国幅员广阔，地形复杂，气候条件迥异，各地自然条件及经济文化的差异显著，人们对家禽的选择和利用目的也不一样，形成了许多具有地方特色的鸡种。《中国畜禽遗传资源志—家禽志》（2011，中国农业出版社）收录地方鸡品种资源 116 个，其中地方品种 107 个、培育品种 4 个、引进品种 5 个。这些地方品种按用途可分为蛋用型（3 个）、肉用型（18 个）、兼用型（69 个）、兼用及药用（11 个）、玩赏型（6 个），详见表 2-2。不同品种的地理分布详见表 2-3。培育品种包括新狼山鸡、新浦东鸡、新扬州鸡和京海黄鸡。引入品种包括隐性白羽鸡、矮小黄鸡、来航鸡、洛岛红鸡和贵妃鸡。

表 2-2 我国主要地方品种的用途分类

类型	品 种
蛋用型	白耳黄鸡、济宁百日鸡、仙居鸡
肉用型	德化黑鸡、东安鸡、高脚鸡、广西三黄鸡、河田鸡、怀乡鸡、惠阳胡须鸡、溧阳鸡、略阳鸡、清远麻鸡、桃源鸡、文昌鸡、武定鸡、霞烟鸡、象洞鸡（胡须鸡）、杏花鸡、阳山鸡、中山沙栏鸡
兼用型	矮脚鸡、安义瓦灰鸡、坝上长尾鸡、拜城油鸡、北京油鸡、边鸡、藏鸡、茶花鸡、城口山地鸡、崇仁麻鸡、大骨鸡、大宁河鸡、大围山微型鸡、东乡绿壳蛋鸡、独龙鸡、峨眉黑鸡、固始鸡、广西麻鸡、广西乌鸡、海东鸡、和田黑鸡、洪山鸡、淮北麻鸡、淮南麻黄鸡、黄郎鸡、黄山黑鸡、江汉鸡、景阳鸡、静原鸡、旧院黑鸡、康乐鸡、兰坪绒毛鸡、狼山鸡、琅琊鸡、凉山崖鹰鸡、林甸鸡、灵昆鸡、龙胜凤鸡、卢氏鸡、泸宁鸡、鹿苑鸡、米易鸡、闽清毛脚鸡、尼西鸡、宁都黄鸡、彭县黄鸡、瓢鸡、浦东鸡、黔东南小香鸡、如皋黄鸡、石棉草科鸡、寿光鸡、双莲鸡、他留乌骨鸡、太白鸡、太湖鸡、腾冲雪鸡、皖南三黄鸡、威宁鸡、汶上芦花鸡、五华鸡、淅川乌骨鸡、萧山鸡、瑶鸡、云龙矮脚鸡、郧阳大鸡、长顺绿壳蛋鸡、正阳三黄鸡、竹乡鸡
兼用及药用	金阳丝毛鸡、丝羽乌骨鸡（又称泰和鸡、武山鸡、白绒乌鸡、竹丝鸡）、江山乌骨鸡、四川山地乌骨鸡、乌蒙乌骨鸡、无量山乌骨鸡、雪峰乌骨鸡、盐津乌骨鸡、余干乌骨鸡、郧阳白羽乌鸡、金湖乌凤鸡
玩赏型	皖北斗鸡、漳州斗鸡、鲁西斗鸡、河南斗鸡、西双版纳斗鸡、吐鲁番斗鸡

表 2-3 我国地方品种的地理分布

原产地	数量	品 种
北京	1	北京油鸡
甘肃	1	静原鸡
海南	1	文昌鸡
河北	1	坝上长尾鸡

（续）

原产地	数量	品 种
黑龙江	1	林甸鸡
辽宁	1	大骨鸡
青海	1	海东鸡
山西	1	边鸡
上海	1	浦东鸡
西藏	1	藏鸡
陕西	2	略阳鸡、太白鸡
重庆	2	城口山地鸡、大宁河鸡
新疆	3	拜城油鸡、和田黑鸡、吐鲁番斗鸡
湖南	4	东安鸡、桃源鸡、黄郎鸡、雪峰乌骨鸡
浙江	4	仙居鸡、萧山鸡、江山乌骨鸡、灵昆鸡
河南	5	固始鸡、河南斗鸡、正阳三黄鸡、卢氏鸡、淅川乌骨鸡
江苏	5	狼山鸡、鹿苑鸡、溧阳鸡、如皋黄鸡、太湖鸡
山东	5	寿光鸡、济宁百日鸡、汶上芦花鸡、琅琊鸡、鲁西斗鸡
安徽	6	淮南麻黄鸡、淮北麻鸡、黄山黑鸡、五华鸡、皖南三黄鸡、皖北斗鸡
福建	6	德化黑鸡、金湖乌凤鸡、河田鸡、闽清毛脚鸡、象洞鸡、漳州斗鸡
广东	6	惠阳胡须鸡、清远麻鸡、杏花鸡、中山沙栏鸡、阳山鸡、怀乡鸡
广西	6	霞烟鸡、瑶鸡、广西三黄鸡、广西麻鸡、广西乌鸡、龙胜凤鸡
湖北	6	洪山鸡、江汉鸡、景阳鸡、双莲鸡、郧阳大鸡、郧阳白羽乌鸡
贵州	7	矮脚鸡、黔东南小香鸡、乌蒙乌骨鸡、竹乡鸡、威宁鸡、高脚鸡、长顺绿壳蛋鸡
江西	8	安义瓦灰鸡、白耳黄鸡、崇仁麻鸡、宁都黄鸡、东乡绿壳蛋鸡、康乐鸡、丝羽乌骨鸡、余干乌骨鸡
四川	9	彭县黄鸡、峨眉黑鸡、金阳丝毛鸡、旧院黑鸡、泸宁鸡、凉山崖鹰鸡、米易鸡、四川山地乌骨鸡、石棉草科鸡
云南	13	茶花鸡、独龙鸡、大围山微型鸡、兰坪绒毛鸡、尼西鸡、瓢鸡、腾冲雪鸡、他留乌骨鸡、无量山乌骨鸡、武定鸡、西双版纳斗鸡、盐津乌骨鸡、云龙矮脚鸡

3. 817 肉鸡

817 肉鸡

山东省农业科学院家禽研究所在 20 世纪 80 年代末承

担山东省科委"七五"科技攻关项目，研究适于做扒鸡的专用鸡种，创造性地提出用快大型白羽肉鸡的父母代种鸡的父系与商品代高产褐壳蛋鸡杂交生产扒鸡专用鸡的制种模式，杂交模式是 1988 年 8 月 17 日完成的，于是命名为 817 小型肉鸡，又称为"肉杂鸡"。该鸡种的育成，使扒鸡加工实现了现代化、标准化生产。山东莘县是 817 肉鸡生产的核心区，年出栏 3 亿~5 亿只。近 10 年来发展速度进一步加快，河北、河南、安徽、江苏、湖北、吉林等省发展迅速，不仅仅用于扒鸡、烧鸡生产，更多地用于加工白条鸡、西装鸡、调理鸡、烤鸡等产品，销往北京、上海、深圳、广州等全国各个省份。据行业统计，年出栏量在 13 亿只左右，已成为我国肉鸡产业中一个独特的类型。

817 肉鸡的制种模式，即快大型白羽肉鸡父母代父系公鸡和商品代褐壳蛋鸡杂交，其优势突出表现在商品代褐壳蛋鸡价格低、产蛋量高，商品代雏鸡成本低，是最经济的制种模式。并且能够充分利用世界肉鸡、蛋鸡育种最先进的育种成果，20 多年来褐壳蛋鸡 500 日龄产蛋量提高了 30 多个，爱拔益加肉鸡 49 日龄体重由 1990 年的 2 025 克提高到目前的 3 040 克，料重比从 2.13∶1 下降到 1.89∶1。表现在 817 肉鸡上，达到 1 千克出栏体重的时间从 8 周龄缩短至 5 周龄，料重比从 2.37∶1 下降到 (1.7~1.8)∶1。

山东省农业科学院家禽研究所一直在跟踪我国白羽肉鸡和高产蛋鸡主推品种的变化而导致的 817 肉鸡杂交组合模式的变化对 817 肉鸡配套组合模式的影响。2017 年 10 月完成了不同杂交组合模式的生产性能比较研究，结果表明，利用商品代褐壳蛋鸡作为母系 3 个组合（1、4、5）的生产性能较好，不同组合之间差异不显著，而

25 ◄

显著优于其他两个替代母系。详见表 2-4。市场上也曾经出现所谓的 816 肉鸡等模仿 817 肉鸡制种模式的所谓改进版，商品代的生长速度稍有改善，肉质、生长速度等介于 817 肉鸡和快大型白羽肉鸡之间，丢失了 817 肉鸡的特色，而且制种成本显著提高，最终由于生产成本提高等原因处于市场竞争的劣势。

表 2-4　不同组合 817 肉鸡的 6 周龄体重

组合	公鸡（克）	母鸡（克）	公母平均（克）
1	1 324	1 172	1 248
2	1 243	1 111	1 177
3	1 285	1 108	1 108
4	1 327	1 164	1 196
5	1 322	1 127	1 224

需要说明的是，817 肉鸡是一种肉鸡和蛋鸡杂交、生产小型肉鸡的制种模式的产物（图 2-4），由于参与配套的各品系没有经过我们自主选育，不符合我国的品种审定条件，政府管理缺乏依据。行政管理缺失造成了种蛋生产场、孵化场生产条件参差不齐，影响了雏鸡质量。山东省农业科学院家禽研究所等单位将在 817 肉鸡制种模式、品种标准、雏鸡质量标准等方面开展研究，为政府监管提供技术支撑，随着政府监管措施的加强，817 肉鸡将会持续健康发展。

图 2-4　817 小型肉鸡

三、肉鸡的营养与饲料

目标
- 了解肉鸡的消化生理与营养需要特点
- 了解肉鸡的营养需要与饲养标准
- 了解肉鸡的营养缺乏症
- 了解肉鸡常用的饲料
- 了解肉鸡的配合饲料及种类
- 了解配合饲料的贮存

1.肉鸡的消化生理与营养特点

▶ 鸡的消化生理特点

鸡的消化道短，食物通过消化道的速度比家畜快，吃进的食物大约经过 5 个小时左右就有半数排出，全部排完共需 12～20 小时，因此，要保证生产出无内脏食糜污染的良好肉鸡屠宰胴体，就至少要在宰前 12 小时停料。鸡的消化器官包括喙、口腔、咽、食道、嗉囊、腺胃、肌胃、十二指肠、空肠、回肠、盲肠、直肠、泄殖腔以及肝、胰等（图3-1）。

（1）口腔　家禽寻食主要靠视觉和触觉。家禽没有牙齿，食物摄入口腔后不经咀嚼而在舌的帮助下直接咽下，唾液的消化作用不大。

（2）嗉囊　食物被吞食后即进入嗉囊。嗉囊主要起贮存食物、湿润和软化食物的作用。

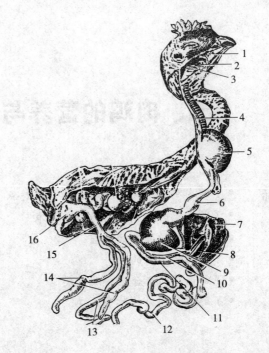

图 3-1　鸡的消化器官

1.口腔　2.喉　3.咽　4.食道　5.嗉囊　6.腺胃　7.肝　8.胆囊
9.肌胃　10.胰　11.十二指肠　12.空肠　13.回肠　14.盲肠
15.直肠　16.泄殖腔

（3）胃　鸡的胃分腺胃和肌胃，腺胃分泌胃液，内有蛋白分解酶和盐酸可对食物进行消化作用，但腺胃容积小，食物停留时间短，所以消化功能不大。胃液的消化作用主要是在肌胃和十二指肠内进行。混有胃液的食物在肌胃继续消化，肌胃有节律性地收缩也使颗粒较大的食物得到磨碎，有助于食物消化。

（4）肠　家禽的肠分为小肠和大肠，全长为体长的5～6倍，小肠长约180厘米。小肠的第一段叫十二指肠，形成U形弯曲，将胰腺夹在中间，再往后为小肠的第二段，相当于空肠及回肠。小肠内的消化液有肝脏分泌的胆汁以及胰脏和小肠分泌的消化液，内有多种酶及消化因子，可对食物进行充分的消化。大肠包括一对盲肠和一段短的直肠，对饲料的消化作用不大。直肠不保留粪便，很快排出。

肉鸡需要的营养成分

肉鸡不爱活动，生长速度快。生长速度随日龄增加而加快，到7周龄时达到最高，以后则逐渐降低。肉鸡采食饲料数量大，饲料利用率高，但随着日龄的增加，饲料转化率①逐渐降低。

(1) 蛋白质营养　蛋白质是肉鸡生命的基础。由多种氨基酸组成的，实际上，肉鸡的蛋白质营养就是氨基酸营养。成年鸡的必需氨基酸②有蛋氨酸、赖氨酸、组氨酸、色氨酸、异亮氨酸、苏氨酸、精氨酸、亮氨酸、缬氨酸、苯丙氨酸、酪氨酸、胱氨酸12种；而雏鸡的必需氨基酸除了这12种外，还包括甘氨酸。

必需氨基酸有一种不足时，就会影响其他氨基酸的消化吸收。在维持氨基酸平衡中，尤其要注意蛋氨酸、赖氨酸、色氨酸三种限制性氨基酸③的充分供给，肉鸡才能进行蛋白质的正常合成。

为了提高饲料蛋白质的利用率，实际生产中，常把多种饲料搭配起来使用，必需氨基酸就能得到相互补充，在饲料中也可以添加一部分动物蛋白饲料或添加部分人工合成的蛋氨酸和赖氨酸，以保证氨基酸的平衡与利用。

鸡对蛋白质的需要量取决于鸡的种类、日龄和生产性能。鸡是"以能为食"的动物，饲料的摄入量与能量有密切的关系，我国鸡的饲养标准中，用蛋白能量比④确定蛋白质与能量的比例关系，目的就是为了平衡蛋白质的摄入量。

(2) 能量的需求　鸡的一切生理活动，包括运动、呼吸、循环、排泄、神经系统、繁殖、体温调节等都需

①饲料转化率：也称为饲料报酬，指消耗单位风干饲料重量与所得到的动物产品重量的比值。也称为料重比，即饲喂1千克饲料肉鸡能长多少肉，如料重比为1.8∶1，则是饲喂1.8千克饲料长1千克，所以养殖户都希望能降低料重比。

②必需氨基酸：是指动物体内不能合成或能够合成但合成数量不足以满足动物需要，必须由饲粮提供的氨基酸。

③限制性氨基酸：是指一定饲料或饲粮所含必需氨基酸的量与动物所需的必需氨基酸的量相比，比值偏低的氨基酸。其中比值最低的称第一限制性氨基酸，以后依次为第二、第三、第四……限制性氨基酸。

④蛋白能量比：指饲料中粗蛋白质（克/千克）与代谢能（兆焦/千克）的比值。

要能量。鸡所需要的能量主要来源于饲料中的碳水化合物和脂肪，饲料中过剩的蛋白质也会分解产生能量。鸡的能量需要一般采用代谢能（ME）表示，影响能量需要的因素见表3-1。

表3-1 影响能量需要的主要因素

因素	影响	说明
环境温度与季节	低温时能量需求多，冬季一般低温，所以能量需求比夏季多	在能量水平相同的条件下，冬季采食量大，夏季采食量小，所以冬季蛋白质的摄入量就会过多，夏季偏少，因此可采取调整蛋白能量比的方法来解决蛋白质摄入量过多或过少的问题
品种类型	肉用仔鸡高于蛋鸡，雏鸡及产蛋鸡高于青年鸡	
饲养方式	平养鸡比笼养鸡所需能量高	
体重	体重大的鸡所需能量多	

①日粮：供给动物一天营养所需的各种饲料总量。

②必需脂肪酸：在鸡体内大部分脂肪酸可以合成，只有少部分不能合成，必须由饲料提供，这种脂肪酸称为必需脂肪酸。

③营养需要：是指每头（只）动物每一天对能量、蛋白质、矿物质和维生素等营养素的需要量。

①碳水化合物 包括淀粉、糖类和纤维素。其中，淀粉和糖类是鸡的主要能量来源。各种谷实类饲料特别是玉米中含有丰富的淀粉和糖。鸡对纤维的消化能力低，因此日粮①中纤维不可太多，一般日粮中纤维含量应在2.5%~5.0%。

②脂肪 是高能量物质。它在体内氧化时释放的能量是同一质量碳水化合物或蛋白质的2.25倍，它也是脂溶性维生素的溶剂，并提供必需脂肪酸②——亚油酸。一般肉用仔鸡饲料中添加2%~6%脂肪较适宜。亚油酸在鸡饲料中的含量一般为0.8%~1.0%即可满足鸡的营养需要③。

③蛋白质 当机体内供给能量的碳水化合物和脂肪不足时，多余的蛋白就会分解氧化补充不足的能量。但是，用蛋白质作能量，经济效益降低，而且易使鸡患疾病。

（3）矿物质营养　矿物质主要存在于鸡的骨骼等组织和器官中，各种矿物质的作用见表3-2。一般饲料中的微量元素含量很低不作计算，需要量直接用无机盐化合物来补充。但是，微量元素的添加量不宜过大，一方面会造成浪费，另一方面也可能引起中毒。

（4）维生素营养　虽然鸡对维生素的需要量很少，但对促进鸡的生长，提高饲料转化率、繁殖力和免疫力，

①植酸磷：与植酸结合的磷称为植酸磷，是植物性饲料中磷的主要存在形式，很难直接被肉鸡利用；此外，植酸还会与金属离子、蛋白质、氨基酸、淀粉等营养物质结合，降低饲料营养价值。

表 3-2　几种主要矿物的作用

矿物质	主要作用	说明
钙	构成骨骼，维持神经、肌肉正常功能；参与正常凝血	鸡对植酸磷①利用率较低，所以饲料中必须补充一部分无机磷，一般占总磷的1/3以上，尤其要注意无鱼粉日粮中磷的补加。生长鸡日粮钙磷以 1.2：1 为宜，允许范围（1.1～1.5）：1
磷	构成某些酶类，在脂类代谢和运输、能量代谢中起重要作用	
钠、氯、钾	三者作为电解质参与维持细胞外液平衡和维持神经肌肉兴奋性；参与胃酸的形成；氯形成盐酸使蛋白酶活化；钾促进细胞对中性氨基酸的吸收	一般钠和氯以添加食盐的形式供给，加入 0.3% 的食盐就能满足需要；在生产中添加时一定要考虑到日粮中鱼粉的含盐量
锰	参与肉鸡骨骼的生长与肉种鸡的繁殖	鸡对锰的吸收较差，所以日粮中必须添加，以硫酸锰、氯化锰等形式添加
锌	以多种酶形式存在	可以硫酸锌或氯化锌形式添加
铁	对保证机体组织内氧的输送有重要作用，存在于血红蛋白、肌红蛋白和一些酶中	铁、铜都以硫酸盐或氯化物的形式补充
铜	有利于铁的吸收和血红蛋白的形成	
硒	抗氧化作用，与维生素 E 共同起保护细胞膜的作用	一般用亚硒酸钠补充

特别对幼鸡和种鸡更为重要。生产中最易缺乏的是维生素 A、维生素 B_2、维生素 D_3。在现代化肉鸡场，所需维生素均采用添加剂形式补充；对于放养地方品种的农户，如果不用添加剂，必须保证青绿饲料的适量供应。各种维生素的主要功能见表3-3。

表3-3　各种维生素的主要功能

种类		主要功能
脂溶性维生素[①]	维生素 A	维持正常视觉和维持黏膜上皮的正常结构
	维生素 D	增加肠对钙与磷的吸收
	维生素 E	具有抗氧化作用与硒（Se）协同保护多种不饱和脂肪酸，从而维持细胞膜的正常脂质结构
	维生素 K	促进凝血
水溶性维生素[②]	B 族维生素	动物体内许多酶的辅酶，参与体内的物质代谢
	胆碱	构成和维持细胞的结构，促成软骨基质成熟，并能防止骨短粗病的发生；胆碱参与脂肪代谢，有防治脂肪肝的作用；胆碱还是乙酰胆碱的成分，参与神经冲动传导
	维生素 C	具有抗氧化与解毒的作用，并能减轻维生素 A、维生素 B_1、维生素 B_2、维生素 B_{12}、维生素 B_3 等不足产生的症状

①脂溶性维生素：包括维生素 A、维生素 D、维生素 E、维生素 K 等。这类维生素的吸收利用需要脂溶性溶剂，能在体内大量存储。

②水溶性维生素：包括 B 族维生素和维生素 C 等。这类维生素的吸收利用需要水，不在体内储存。

（5）水的营养　水是人们极易忽视的一种营养物质，水在营养物质的消化吸收、代谢废物的排出、血液循环及调节体温等方面具有重要的作用。鸡体内缺水的危害比缺乏其他营养成分的危害更大。断水 24 小时，肉鸡生长停滞。断水 48~60 小时，出现较高的死亡率。鸡体内失水 20%就会导致死亡。

一般情况下，鸡的饮水量与采食量有关，肉用仔鸡的饮水量是采食量 1.5 倍左右，炎热的夏季甚至可达 2 倍以上。鸡饮水量的改变可反映出鸡群健康状况和生产水平的变化。

在生产中要注意饮水量还受很多因素的影响，如饲料种类、环境温度、水温、鸡的体重、活动情况等，其中以环境温度的影响最大。健康状况也影响饮水量，如鸡患球虫病、传染性法氏囊病时饮水量增加。在肉鸡饲养过程中，一定要注意水的供给，同时要注意水的卫生。

2.营养代谢异常对肉鸡的影响

▶ 蛋白质不足的后果

日粮中缺乏蛋白质对于肉鸡的健康、生产性能和产品品质均会产生不良影响。主要表现为以下几方面：

（1）生长减缓和体重减轻　如果日粮中缺乏蛋白质，幼龄肉鸡将会因体内蛋白质合成代谢障碍而使体蛋白质沉积减少甚至停滞，因而生长速率明显减缓，甚至停止生长。

（2）消化机能紊乱　蛋白质缺乏会影响胃肠黏膜及消化腺的更新，影响消化液的正常分泌。因此，当日粮缺乏蛋白质时，肉鸡将会出现食欲下降，采食量减少，营养吸收不良及慢性腹泻等异常现象。

（3）抗病力减弱，易患贫血症　日粮中缺乏蛋白质，血液中免疫球蛋白合成减少，各种激素和酶的分泌量显著减少，从而使机体的抗病力减弱。此外，还会因为体内不能形成足够的血红蛋白和血细胞蛋白质而患贫血症。

▶ 矿物质的代谢异常

肉鸡在饲养过程中，由于生长速度快、集约化饲养等原因，很容易缺乏部分矿物质，一般来说，大部分矿物质缺乏都会引起生长速度慢、饲料报酬低等现象，此外，还有的会引发特异性的缺乏症（表3-4）。

表 3-4　常见矿物质代谢异常对肉鸡的影响

矿物质	影响
钙	钙缺乏，雏鸡生长发育不良，易患佝偻病，骨骼变形（图 3-2、图 3-3）；钙过多，影响鸡的生长，而且影响雏鸡对磷、镁、锰及锌的吸收利用
磷	磷缺乏，鸡生长缓慢，食欲减退，易出现异食癖，如啄毛、啄肛、啄趾等（图 3-4）
食盐	食盐过量，饮水量增加，导致拉稀，严重时会出现食盐障碍；食盐不足时，鸡食欲下降，消化不良，生长缓慢，且易产生啄羽、啄肛等异食癖（图 3-4）
锰	锰缺乏时，雏鸡骨骼发育不良，易患滑腱症或骨短粗症（图 3-5、图 3-6），运动失调，体重下降，生长受阻；锰过量影响钙、磷的吸收
锌	雏鸡生长受阻，羽毛发育异常，骨质脆弱、易变形，关节大而硬，蹠骨短粗、表面呈鳞片状，并有皮炎
铁	缺铁时，导致鸡发生营养性贫血，生长迟缓，羽毛无光；过量时，采食减少，体重下降，影响磷的吸收
铜	铜缺乏，会引起贫血、骨质疏松、生长受阻，不利于钙、磷的吸收
硒	鸡缺硒时发生渗出性素质，腹腔积水、肚子大、腹下皮肤呈蓝绿色（图 3-7）；成鸡皮下水肿、出血、肌肉萎缩、肝脏坏死，产蛋率、孵化率降低

 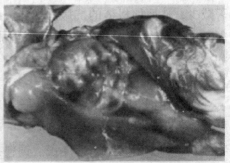

图 3-2　钙缺乏症，肋骨锥端成球状膨大　　图 3-3　钙缺乏症，雏鸡佝偻病，肋骨内弯、胸廓变形并形成佝偻珠

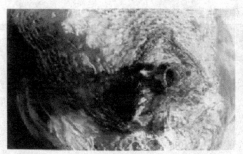

图 3-4 磷缺乏症，啄癖，病鸡背部羽毛被
啄光，尾椎严重啄损

图 3-5 锰缺乏症，小鸡右侧跗关节受
损，腿（爪）向外伸展

图 3-6 锰缺乏症，胫跗关节跖骨滑车内侧骨
发育不良，腓肠肌腱滑脱

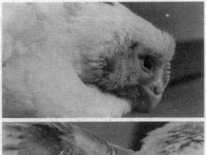

图 3-7 硒缺乏症，渗出性素质，颌下、
腋下水肿，外观蓝绿色

▶ 维生素的缺乏症

鸡最易缺乏的是维生素 A、维生素 D_3、硫胺素、核
黄素、维生素 B_{12}、维生素 E 和维生素 K 等，各种缺乏症
见表 3-5。

表 3-5　各种维生素的缺乏症

	来源	缺乏对肉（种）鸡的影响	备注
维生素 A	在鱼肝油中含量丰富，青绿饲料、水果皮、南瓜、胡萝卜、黄玉米含有的胡萝卜素能在鸡体内转变为维生素 A	初生雏出现眼炎或失明，2 周龄内生长发育迟缓；生长鸡上皮细胞角化变性增殖（图 3-8、图 3-9），失去分泌能力，对病原微生物侵袭的抵抗力降低。临床上常出现生长发育缓慢，运动失调，眼内流出乳白色黏液性分泌物，还可引起呼吸道、肠道炎症，严重的会引起死亡	
维生素 D	植物中的麦角醇为维生素 D_2 原，经紫外照射后可转变为维生素 D_2，又名麦角钙化醇；动物皮下含的 7-脱氢胆固醇为维生素 D_3 原，在紫外线照射后转变成维生素 D_3，又名胆钙化醇	雏鸡生长不良，羽毛松散，喙爪变软（图 3-10）、弯曲，胸骨弯曲，胸部内陷，腿骨变形	
维生素 E	在麦芽、麦胚油、棉籽油、花生油、大豆油中含量丰富，在青饲料、青干草中含量也多	雏鸡患脑软化症（图 3-11、图 3-12）、渗出性素质病和白肌病；公鸡生殖机能紊乱；母鸡无明显症状，但种蛋孵化率低，胚胎常在 4～7 日龄死亡	配合饲料粉碎、加热过程可被破坏
维生素 K	鱼肝油、紫花苜蓿、豌豆等	病鸡容易出血且不易凝固，冠苍白，死前呈蹲坐姿势	
维生素 B_1（硫胺素）	在糠麸、青饲料、胚芽、草粉、豆类、发酵饲料和酵母粉中含量丰富	雏鸡生长不良，食欲减退，消化不良，发生痉挛；严重时出现多发性神经炎（图 3-13），头向后仰（观星状），背极度弯曲（角弓反张）（图 3-14）、瘫痪、倒地不起	硫胺素在酸性饲料中相当稳定，遇热碱易被破坏

（续）

	来源	缺乏对肉（种）鸡的影响	备注
维生素 B_2（核黄素）	在青饲料、干草粉、酵母、鱼粉、糠麸、小麦中含量较多	雏鸡生长缓慢，出现卷爪麻痹症，足趾向内弯曲，有时以关节触地走路，皮肤干而粗糙（图 3-15）。种蛋孵化率低，胚胎死亡；出壳雏脚趾弯曲、绒毛稀少	是 B 族维生素中对鸡最为重要，而又不易满足的一种维生素
维生素 B_3（泛酸）	泛酸在酵母、青饲料、糠麸、花生饼、干草粉、小麦中含量丰富	雏鸡生长受阻，羽毛粗糙，骨变短粗，随后出现皮炎，口角有局限性损伤（图 3-16）	与饲料混合时容易受破坏，故常以其钙盐作添加剂；泛酸与核黄素的利用有密切关系，一种缺乏时另一种需要量增加
维生素 B_{12}	维生素 B_{12} 在肉骨粉、鱼粉、血粉、羽毛粉等动物性饲料中含量丰富，鸡粪和禽舍厚垫草内也含有维生素 B_{12}	生长缓慢，贫血，饲料利用率低，食欲不振，甚至死亡	维生素 B_{12} 不稳定，氧化剂和还原剂可使之破坏
生物素	生物素分布广泛，性质稳定，消化道内合成充足，不易缺乏	生长减缓，食欲不振，生长速度下降；鸡的脚、胫和趾、喙和眼周围皮肤炎症，角化，开裂出血，生成硬壳性结痂（图 3-17）	
胆碱	一般饲料含量都较丰富	引起脂肪肝，繁殖力下降，食欲减退，羽毛粗糙，雏鸡、生长鸡生长受阻，并引起骨短粗症（类似滑腱症）	
维生素 C	青绿多汁饲料中含量丰富	发生坏血病，生长停滞，体重减轻，关节变软；身体各部出血，贫血	应激状态时增加维生素 C，正常情况无需添加

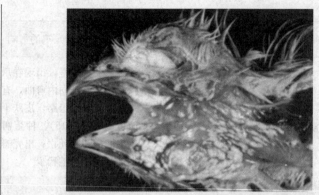

图 3-8　维生素 A 缺乏症，黏膜角质化，对微生物
抵抗力减弱

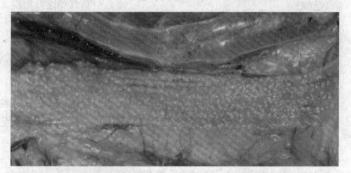

图 3-9　维生素 A 缺乏症，口腔及食管黏膜过度角化

图 3-10　维生素 D 缺乏症，小鸡佝偻病，喙软化

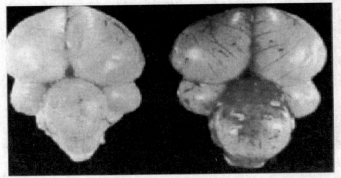

图 3-11　维生素 E 缺乏症，脑膜血管充盈，小脑出血严重
（左为正常）

图 3-12　维生素 E 缺乏症，小脑软化，狂鸡病　　图 3-13　维生素 B_1 缺乏症，多发性
　　　　　　　　　　　　　　　　　　　　　　　　　神经炎

图 3-14　维生素 B_1 缺乏症，角弓反张，羽　图 3-15　维生素 B_2 缺乏症，卷爪麻痹
　　　毛蓬乱

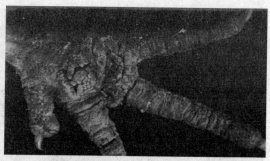

图 3-16　泛酸缺乏症，眼睑、喙皮炎　　　图 3-17　生物素缺乏症，脚趾裂

▶ **防止其他营养物质的代谢异常①**

（1）粗纤维　饲料中的粗纤维不能太多也不能太少，太多不利于其他营养物质的消化吸收；太少鸡容易发生食羽、啄肛等不良现象；一般日粮中含量应在 2.5%～5.0%。

（2）脂肪　饲料中脂肪含量过高或过低对鸡都不利。脂肪含量高，会使鸡食欲不振，消化不良，下痢；脂肪不足会妨碍脂溶性维生素的输送和吸收，使鸡生长受阻、脱毛等。

（3）必需脂肪酸　雏鸡缺乏必需脂肪酸，生长不良，饮水量增加，肝中脂肪沉积，容易引起呼吸道感染。

3. 肉鸡的饲养标准①

动物在生存和生产过程中必须不断地从外界摄取养分。不同动物，不同生理状态，不同生产水平及不同环境条件对养分的需要量不同，因此需要对特定动物的营养需要量做出规定，以便指导生产。而肉鸡饲养标准是动物所需养分在数量上的叙述或说明。

▶ **肉鸡饲养标准的主要指标**

（1）采食量　以干物质或风干物质采食量表示。饲养标准中规定的采食量，是根据肉鸡营养原理和大量试验结果，科学地规定了动物不同生长（理）阶段的采食量。

①饲养标准：根据大量饲养试验结果，对各种特定动物所需要的各种营养物质的定额做出规定，这种系统的营养定额规定称为饲养标准。

（2）能量　由于饲料存在消化利用率问题，因此就有消化能（DE）、代谢能（ME）、净能（NE）之说。家禽对能量的需要用代谢能（ME）表示。许多因素如品种、性别、周龄、营养状态、日粮及环境因素等都影响家禽对能量的需要。此外，肉鸡比同体重的蛋鸡基础代谢高，对能量的需要也高于蛋鸡，因此，应在日粮中添加油脂以满足其对能量的需要，否则会影响肉鸡生长。

（3）蛋白质　一般用粗蛋白（CP）表示鸡对蛋白质的需要。

（4）氨基酸　饲养标准中列出了必需氨基酸（EAA）的需要量，其表达方式用每天每只需要多少表示，或用单位营养物质浓度表示等。对于鸡而言，蛋白质营养实际是氨基酸营养，要想获得最佳的生产性能，日粮中就必须提供数量足够的必需氨基酸，尤其是限制性氨基酸。用可利用氨基酸表示动物对蛋白质需要量也将是今后发展的方向。

（5）维生素　一般脂溶性维生素需要量用国际单位（IU）表示，而水溶性维生素需要量用毫克/千克或微克/千克表示。鸡体内合成的维生素C，一般可满足需要，只有在应激状况下才补充维生素C，而维生素A、维生素D、维生素E、维生素K、核黄素、泛酸、胆碱、烟酸、维生素B_6、生物素、叶酸、维生素B_{12}都要进行补充。

（6）矿物质　常量矿物质元素主要列出了钙、磷、锌、钠、氯需要量，用百分数表达；微量元素列出了铁、锌、铜、锰、碘、硒需要量。微量元素一般用毫克/千克表示。

▶ 不同类别肉鸡的饲养标准

饲养标准大致可分为两类，一类是国家规定和颁布的饲养标准，称为国家标准；另一类是大型育种公司根据自己培育出的优良品种或品系的特点，制定的符合该品种或品系营养需要的饲养标准，称为专用标准。

（1）快大型肉鸡的饲养标准　表3-6中列举了几种快大型肉鸡的饲养标准，仅供养殖户参考。

表3-6　快大型肉鸡饲养标准

	代谢能（兆焦/千克）	粗蛋白质（%）	钙（%）	有效磷（%）	蛋氨酸（%）	含硫氨基酸（%）	赖氨酸（%）
艾维茵肉仔鸡							
公：0～3周龄	12.97	24	0.95	0.50	0.28	0.96	1.25
4～6周龄	12.97	21	0.95	0.48	0.22	0.85	1.05
7周龄以上	13.39	19	0.85	0.42	0.22	0.71	0.80
母：0～3周龄	12.97	24	0.95	0.50	0.28	0.96	1.25
4～6周龄	13.39	19.5	0.85	0.40	0.22	0.75	0.90
7周龄以上	13.39	18	0.80	0.35	0.22	0.65	0.70
中国肉仔鸡饲养标准（参照中华人民共和国农业行业标准 NY/T 33—2004）							
0～3周龄	12.54	21.5	1.00	0.45	0.50	0.91	1.15
4～6周龄	12.96	20	0.90	0.40	0.40	0.76	1.00
7周龄以上	13.17	18	0.80	0.35	0.34	0.65	0.87
美国NRC1994第九版							
0～3周龄	13.39	23	1.00	0.45	0.50	0.90	1.10
4～6周龄	13.39	20	0.90	0.35	0.38	0.72	1.00
7～8周龄	13.39	18	0.80	0.30	0.32	0.60	0.85
AA＋（爱拔益加）肉仔鸡饲养标准							
0～21天	12.13	20	0.90	0.45	0.40	0.78	1.00
22～40天	13.39	20	0.85	0.42	0.44	0.82	1.01
41天至出栏	13.39	18.5	0.80	0.40	0.38	0.77	0.94

(2) 优质肉鸡的饲养标准　我国于 2004 年新修订了农业行业标准 NY/T 33—2004，并确定了黄羽肉鸡的饲养标准（表 3-7）。通过国家审定的优质肉鸡配套系近 30 个，分别归属于快速型、中速型和慢速型优质肉鸡，其营养需要主要与生长速度密切相关，与外貌特征没有必然联系，因而麻羽系等其他优质肉鸡均可参考上述营养标准，并根据实际需要进行必要的调整。确定优质肉鸡的营养需要时既要考虑充分发挥鸡种生长潜力，又要把提高饲料经济报酬作为首要条件。此外，还要注意饲料的多样化，改善鸡肉品质。

表 3-7　黄羽肉鸡仔鸡饲养标准

营养指标	周　龄		
	公鸡 0～4 母鸡 0～3	公鸡 5～8 母鸡 4～5	公鸡＞8 母鸡＞5
代谢能（兆焦/千克）	12.12	12.54	12.96
粗蛋白质（%）	21.0	19.0	16.0
蛋能比（克/兆焦）	17.33	15.15	12.34
钙（%）	1.0	0.9	0.8
总磷（%）	0.68	0.65	0.60
有效磷（%）	0.45	0.40	0.35
赖氨酸（%）	1.05	0.98	0.85
蛋氨酸（%）	0.46	0.40	0.34
蛋氨酸＋胱氨酸（%）	0.85	0.72	0.65

▶ 应用饲养标准时应注意的问题

饲养标准或营养需要的制订都是以一定的条件为基础，有其适用范围，所以实际应用时要根据实际情况灵活调整。

(1) 饲养方式　一般所列营养需要指标以全舍饲养条件为主，但如果大运动场放养时应该结合运动量与天然采食情况给予适当调整。

(2) 遗传因素　鸡的不同种类以及不同品种对营养需要都有变化，特别是对蛋白质的要求，所以应酌情改善。

①饲粮：全面供给动物营养的饲料混合物。

（3）环境因素 在环境诸多因素中，温度影响采食量进而对营养需要影响最大，为了保证鸡每天能采食到足够的能量、蛋白质及其他养分，应根据实际气温调整饲粮①的营养含量。

（4）疾病以及其他应激因素 发生疾病或转群、断喙、疫苗注射、长途运输等，通常维生素的消耗量比较大，应酌情增加。

4. 肉鸡常用的饲料种类

肉鸡的常用饲料种类很多，按营养划分为蛋白质饲料②、能量饲料③、矿物质饲料④和饲料添加剂。

②蛋白质饲料：凡饲料干物质中粗蛋白质含量超过20%，粗纤维低于18%的饲料均属蛋白质饲料。

▶ 蛋白质饲料

根据来源不同，分为植物性蛋白质饲料、动物性蛋白质和单细胞蛋白质饲料。

③能量饲料：凡饲料干物质中粗蛋白质含量低于20%，粗纤维低于18%的饲料均属能量饲料。

④矿物质饲料：指可供饲用的天然矿物及工业合成的无机盐类。

（1）植物性蛋白质饲料 肉鸡常用的植物性蛋白质饲料主要有以下几种：大豆饼（粕）：含赖氨酸高，但蛋氨酸、胱氨酸含量相对不足，故以玉米－豆饼（粕）为基础的日粮通常需要添加蛋氨酸。一般用量占日粮的10%～30%，但是，如果日粮中大豆饼（粕）含量过多，可能会引起雏鸡粪便黏着肛门的现象，还会导致鸡的爪垫炎。花生饼（粕）：营养价值仅次于豆饼（粕），适口性优于豆饼（粕），含蛋白质38%左右，含精氨酸、组氨酸较多。花生饼（粕）易感染黄曲霉毒素，使鸡中毒，因此，贮藏时切忌发霉，一般用量可占日粮的15%～20%。菜籽饼（粕）：蛋白质含量34%左右，粗纤维含量约11%。含有一定芥子苷（含硫苷）毒素，具辛辣味，食入过多鸡会因甲状腺肿大停止生长。日粮中的用量为5%～10%，经脱毒处理可增加用量。棉仁饼（粕）：蛋白质含量丰富，可达32%～42%。棉仁饼（粕）含游离棉酚，游离棉酚有一定的毒性，雏鸡对棉酚的耐受力较成鸡差。一般不宜单独使用，用量不超过日粮的 5%。

（2）动物性蛋白质饲料 主要有以下几种：鱼粉是最佳的蛋白质饲料，营养价值高，含粗蛋白质可达 55% ~ 77%，必需氨基酸含量全面，并含有大量 B 族维生素和丰富的钙、磷、锰、铁、锌、碘等矿物质，还含有硒和促生长的未知因子，是其他任何饲料所不及的。但是饲喂鱼粉过多可使肌胃发生糜烂，还会使鸡肉和鸡蛋出现不良气味。另外，因鱼粉含大肠杆菌较多，易污染沙门氏菌，一般用量占日粮的 2% ~ 8%。肉骨粉是屠宰厂下脚料或病死畜尸体等成分经高温、高压处理后脱脂干燥制成。饲用价值比鱼粉稍差，含蛋白质 45% 左右，含脂肪较高。最好与植物蛋白质饲料混合使用，雏鸡日粮用量不要超 5%，成鸡可占 5% ~ 10%。肉骨粉容易变质腐败，喂前应注意检查。

（3）单细胞蛋白质饲料 通常有酵母、微型藻、真菌等，生产中不常使用。

▶ 能量饲料

这类饲料富含淀粉、糖类和纤维素，包括谷实类、糠麸类、块根、块茎和瓜类，以及油、糖蜜等，是肉鸡饲料主要成分，用量占日粮的 60% 左右。常用的主要有以下几种：

玉米 是肉鸡最主要的饲料之一，代谢能在植物性饲料中最高，高达 12.55 ~ 14.10 兆焦 / 千克，适口性强，易消化。此外，黄玉米富含维生素 A、叶黄素，是蛋黄和皮肤、爪、喙黄色的良好来源。缺点是蛋白质含量低，且品质较差，钙、磷和 B 族维生素含量亦少。

小麦 含能量约为玉米的 90%，适口性好，易消化，可以作为鸡的主要能量饲料，一般可占日粮的 30% 左右。

麦麸 小麦麸蛋白质、锰和 B 族维生素含量较多，适口性强，为鸡最常用的辅助饲料。但能量低，纤维含量高，容积大，属于低热能饲料，不宜用量过多，一般可占日粮的 3% ~ 15%。

油脂 动物脂肪和油脂是含能量最高的饲料，动物油脂的代谢能为 32.2 兆焦 / 千克，植物油脂的代谢能为 36.8 兆焦 / 千克，适合于配合高能日粮。在饲料中添加动、植物油脂可提高生产性能和饲料利用率。肉用仔鸡日粮中一般可添加 5% ~ 10%。常见饲料原料营养成分见附录八。

▶ 矿物质饲料

（1）**含钙饲料** 贝壳粉、石灰石粉、蛋壳粉均为钙的主要来源，其中贝壳粉最好，含钙多，易被鸡吸收。石灰石粉含钙也很高，价格便宜，但有苦味。蛋壳经过清洗煮沸和粉碎之后，也是较好的钙质饲料。此外，石膏（硫酸钙）也可作钙、硫元素的补充饲料，但不宜多喂。

（2）**富磷饲料** 骨粉、磷酸钙、磷酸氢钙是优质的磷、钙补充饲料，其中骨粉和磷酸氢钙最常用。骨粉用量为一般占日粮 1% ~ 2.5%，磷酸盐一般占 1% ~ 1.5%，磷矿石一般含氟量高并含其他杂质应做脱氟处理。饲用磷矿石含氟量一般不宜超过 0.04%。

▶ 饲料添加剂分类

添加剂可以提高饲料的利用率，促进家禽生长，预防某些疾病，减少饲料贮藏期间营养物质的损失，改进家禽产品的品质等。习惯上，饲料添加剂可分为营养性添加剂和非营养性添加剂两大类。见图 3-18。

①酶制剂大致可分为消化酶和非消化酶两种。消化酶如蛋白酶、淀粉酶和脂肪酶等，用于补充体内酶的不足。非消化酶大多是由微生物发酵而产生，用于消化畜禽自身不能消化的物质如纤维素酶、半纤维素酶、植酸酶、果胶酶、葡聚糖酶等。

②微生态制剂：也叫活菌制剂、益生素，是利用正常微生物或促进微生物生长的物质制成的活的微生物制剂。也就是说，一切能促进正常微生物群生长繁殖的及抑制致病菌生长繁殖的制剂都称为"微生态制剂"。

营养性添加剂
- 微量元素添加剂：补充铁、铜、锰、锌、钴、碘、硒
- 维生素添加剂：补充各种维生素
- 氨基酸添加剂：补充限制性氨基酸的不足

非营养性添加剂
- 促生长添加剂：国家允许添加的抗生素或其他药物
- 驱虫保健剂：国家允许使用的驱虫药物
- 饲料保存剂：防霉剂和抗氧化剂
- 酶制剂①
- 微生态制剂②
- 中草药饲料添加剂

图 3-18 饲料添加剂的分类

5.肉鸡的配合饲料

▶ 按营养成分分类

各种配合饲料之间的关系见图3-19。

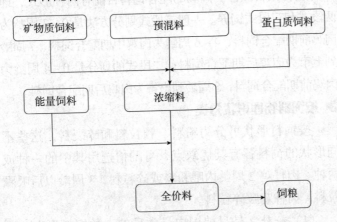

图3-19　各类配合饲料之间的关系

（1）全价料　又称全价配合饲料[①]，能够全面满足饲喂对象的营养需要，不需要另外添加任何营养性物质的配合饲料，可以直接饲喂畜禽，经济效益高。

（2）浓缩料　把全价饲料中的能量饲料去除得到的。它是由蛋白质饲料、矿物质饲料与添加剂预混料按规定要求混合而成。不能直接用于喂鸡，按生产厂的说明与能量饲料的配合稀释后可应用，通常占全价配合饲料的20%～30%。

（3）预混料　又称添加剂预混料，一般由各种添加剂加载体混合而成，是一种饲料半成品。可供生产浓缩饲料和全价饲料使用，其添加量为全价饲料的0.5%～5%，不能直接饲喂动物，是配合饲料的核心。预混料的种类有：单项预混合饲料，包括单一维生素、单一微量元素、单一的药物、多种维生素预混料、多种微量元素

①配合饲料：根据动物的不同生长阶段、不同生理要求、不同生产用途的营养需要，按科学配方把不同来源的饲料原料，依一定比例均匀混合，并按规定的工艺流程生产以满足各种实际需求的饲料。

预混料；复合预混合饲料，即由微量元素、维生素及其他成分混合在一起的预混料。

按动物种类、生理阶段分类

鸡的配合饲料分为肉鸡配合饲料、蛋鸡配合饲料及种鸡配合饲料三种。肉鸡的配合饲料目前有两种形式，即两段式和三段式饲养。一般三段式划分方法是 0~3 周龄为肉鸡前期配合饲料、4~6 周龄为肉鸡中期配合饲料、7 周龄到上市为肉鸡后期配合饲料；二段式的划分是 0~4 周龄为肉鸡前期配合饲料，5 周龄到出售为肉鸡后期配合饲料。

按饲料物理形状分类

按饲料形状可分为粉料、颗粒料和碎裂料，这些不同形状的饲料各有其优缺点，可酌情选用其中的一种或两种。肉仔鸡 2 周龄内喂粉料或碎粒料，3 周龄以后喂颗粒料，肉种鸡喂碎粒料。

（1）粉料　是目前国内最常见的一种饲料形态，它是将饲料原料磨碎后，按一定比例与其他成分和添加剂混合均匀而成。适用于各种类型和年龄的鸡。鸡可以吃到营养较完善的饲料，但粉料的缺点是易引起挑食，使鸡的营养不平衡，且易飞扬散失，使舍内粉尘较多，造成饲料浪费。粉料的细度应为 1~2.5 毫米，磨得过细，鸡不易下咽，适口性变差。

（2）颗粒料　是粉料再通过颗粒压制机压制成的块状饲料，形状多为圆柱状。颗粒饲料的优点是适口性好，可避免挑食，保证了饲料的全价性；鸡可全部吃净，不浪费饲料，饲料报酬高，一般可比粉料增重 5%~15%；制造过程中经过加压加温处理，破坏了部分有毒成分，起到了杀虫、灭菌作用，有利于淀粉的糊化，提高了利用率。但饲料的加工成本提高。

（3）碎裂料（粗屑料）　碎裂料是颗粒料经过碎料机加工而成，其大小介于粉料和颗粒料之间，具有颗粒料的一切优点，特别适于作为 1 日龄雏鸡的开食饲料。

▶ 配合饲料的选择、使用、运输与贮存

(1) 配合饲料的选择

①根据自身条件选择饲料种类 如果当地有丰富的能量饲料资源但缺乏蛋白质饲料，可以选择浓缩饲料；如果能量饲料、蛋白质饲料都不缺乏，还有基本的加工机械和场所，可以选择预混料自己加工；如果上述条件都不具备，则应选择全价饲料。

②选择有实力的生产厂家 由于生产饲料的厂家众多，质量不尽相同，这就要求用户正确、有目的地选择厂家，选择的依据只能是饲喂效果（自己的或别人的），饲喂效果较好且质量稳定是最起码的要求。

③选择适合饲养对象的配合饲料 目前配合饲料品种繁多，饲养对象各异，并且同一畜禽不同生产阶段需要不同型号的全价饲料。购买时一定要按产品说明有针对性地选购，不能张冠李戴。

④购料要做到"三不" 不购买不卫生的饲料；不购买贮存时间过长的饲料；不购买饲料标签不规范的饲料（饲料标签不规范在某种意义上意味着技术力量较差）。

(2) 配合饲料的使用

①认真阅读饲料标签 饲喂之前，必须认真阅读饲料标签，了解产品的全面情况，尤其对饲料的使用方法和注意事项必须搞清楚，保证能够正确使用。另外，若全价饲料中加入了一些常用添加剂，购买时应注意了解添加剂的种类，避免重复添加该类添加剂。

②饲料存放时间要短 饲料中有些成分（如维生素）存放过程中有失效现象，因此存放时间不能过长。这就要求我们注意进料数量不能过多，一般从生产之日起到全部用完，全价饲料不能超过 15 天，浓缩饲料不能超过 30 天，预混料不能超过 3 个月。

③饲喂量要适当 一般掌握让肉鸡基本吃饱，不剩料。高营养浓度的饲料饲喂过多会导致饲料利用率降低，饲养成本增加，同时还容易产生消化系统疾病。肉鸡有根据饲料能量控制采食量的能力，可以让其自由采食。

（3）配合饲料的运输与贮存

1）配合饲料的运输（图3-20，图3-21） 为了防止运输过程中的污染，可采取以下措施：启运前，应严格执行饲料卫生标准，原料与成品最好不要同车装运，已经污染的饲料不许装运。运输的车船应保持清洁干燥，必要时需做消毒处理。运输过程中要轻装轻卸，防止包装破损，防雨防潮，减少再污染的机会和霉败。

图3-20 饲料的装运

图3-21 饲料的卸载

2）配合饲料的贮存

①饲料的贮存方式（图3-22，图3-23）

图3-22　饲料塔

图3-23　饲料库

②影响饲料贮存的因素（图3-24）

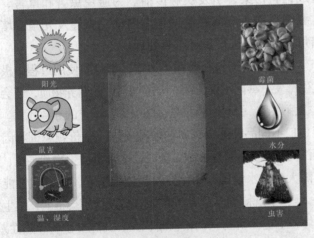

图3-24　影响饲料贮存的因素

　　配合饲料在贮藏期间会受水分、温度、湿度、虫害、鼠害、微生物等因素影响而受损，因此要采取相应的措施以避免危害。

　　A.温度　温度对贮藏饲料的影响较大，高温、高湿会加快饲料中营养成分的分解速度，还能促进微生物、贮粮害虫等的繁殖和生长，导致饲料发热霉变。

B.阳光、空气 阳光照射一方面会使饲料温度升高，另一方面会促进饲料中营养物质被氧气氧化，以及维生素、蛋白质的失活或者变性。影响营养价值和适口性。因此，配合饲料应贮于低温通风处。库房应具有防热性能,防止日光辐射热之透入，库房顶要加刷隔热层；墙壁涂成白色，以减少吸热；库房周围可种树遮阴，以避日光照射，缩短日晒时间。

C.虫、鼠害 在适宜温度下，害虫大量繁殖，消耗饲料和氧气，产生二氧化碳和水，同时放出热量，在害虫集中区域温度可达45℃，所产生的水汽凝集于饲料表层，使其结块、生霉，导致营养成分的损失或毒素的产生。鼠的危害不仅在于它们吃掉大量的饲料，而且还会造成饲料污染，引发疾病传播。为避免虫害和鼠害，在贮藏饲料前，应彻底清理仓库内壁、夹缝及死角，堵塞墙角漏洞，并进行密封熏蒸处理。

D.霉菌 饲料在贮存、运输、销售和使用过程中极易发生霉变，霉菌不仅消耗、分解饲料中的营养物质，还会产生霉菌毒素，引起肉鸡腹泻、肠炎等，严重的导致死亡。

E.不同品种配合饲料的贮藏要求 全价颗粒饲料因用蒸汽调质或加水挤压而成，能杀死大部分微生物和害虫，且间隙大、含水量低，糊化淀粉包住维生素，故贮藏性能较好，只要防潮、通风、避光贮藏，短期内不会霉变，维生素破坏较少。全价粉状饲料表面积大、孔隙度小、导热性差、容易返潮，脂肪和维生素接触空气多，易被氧化和受到光的破坏，因此，此种饲料不宜久存。浓缩饲料含蛋白质丰富，含有微量元素和维生素，其导热性差、易吸湿，微生物和害虫容易繁殖，维生素也易被光、热、氧等因素破坏失效，浓缩料中应加入防霉剂和抗氧化剂，以增加耐贮藏性，一般贮藏3~4周，要及时销出或使用。添加剂预混料一般要求在低湿、干燥、避光处贮藏，包装要密封。

四、商品肉鸡的健康养殖技术

目标
- 了解不同类型肉鸡的生长阶段划分及饲养方式
- 掌握各个饲养阶段的关键技术
- 了解优质肉鸡的放牧饲养

1.概况

不同类型肉鸡的生长阶段的划分

从管理上来说，商品肉鸡的整个饲养期分为以下三个阶段：育雏期（第一阶段）、生长期（第二阶段）和育肥期（第三阶段），不同类型的生长阶段划分见表4-1。需要说明的是，这种阶段划分是相对的，具体饲养管理措施要根据具体饲养周期、鸡群发育状况、环境条件综合确定。比如，中速型优质肉鸡可参照表4-1的生长阶段划分，而慢速型优质肉鸡的饲养期一般在13周龄以上，两广地区甚至要达到17周龄以上，育肥期一般掌握在出栏前3~4周即可。

表4-1 不同类型肉鸡生长阶段划分

生长阶段 肉鸡类型	育雏期	生长期	育肥期
快大型肉鸡 快速型优质肉鸡	0~3周龄	4~6周龄	7周龄至出栏
优质肉鸡	0~5周龄	6~8周龄	9周龄至出栏

从饲料营养上说，目前快大型肉仔鸡饲养标准主要是三段制，中国行业标准（2004）、美国 NRC 标准（1994）、艾维茵肉仔鸡、AA+（爱拔益加）饲养标准参考表 2-6。考虑到最后一周禁止使用药物和快速催肥的需要，也有公司将出售前周单设一阶段，从而实行四段制饲养。优质肉鸡饲养期相对较长，可以参照快大型肉仔鸡相应增加每个阶段的时间。

▶ 饲养方式

肉用鸡的饲养方式很多，主要包括地面垫料平养、网上平养、笼养等。优质肉鸡还可以采用放牧饲养方式，本节将给予专门讲述。

（1）地面垫料平养　见图 4-1。把鸡养在铺有碎稻草、锯末、稻壳、麦秸、碎玉米棒等垫料的地面上，垫料厚 10～20 厘米，饲养过程中视污染程度翻垫料成补加垫料。肉鸡出售后将垫料和鸡粪一次性清除，这种方法在我国北方如华北、东北、西北及西南山区等地应用较多。此方法的优点是设备简单，成本低，胸囊肿及腿病的发病率低；缺点是饲料浪费严重，而且垫料需要量大，占地面积大，污染严重，易发生鸡白痢及鸡球虫病等。

图 4-1　地面垫料平养规模化鸡舍（左）和简易棚舍（右）

(2) 网上平养　见图 4-2。把鸡养在离地 50~60 厘米高的铁丝网或塑料网上，鸡粪通过网眼落到地上。人工清粪时网床离地高些便于清粪操作，也可以设置自动刮粪系统及时清理粪便，也有的饲养结束后一次性清除。此方法兼备了地面垫料平养和笼养的优点，可节省大量垫料，鸡不与粪便接触，减少了消化道疾病的再感染，特别对球虫病的控制有显著效果，成活率高，增重快，对专业养殖户和一般肉鸡场较适用，在我国很多地方推广使用。缺点是投资成本大。

图 4-2　网上平养

(3) 笼养　见图 4-3、图 4-4。从育雏、育成到出栏一直在笼内饲养，目前肉鸡的笼养应用还不是很普遍。此方法的优点是可提高饲养密度①和鸡舍利用率，饲料报酬高，便于粪便收集；鸡舍内清洁，鸡不与粪便接触，能防止或减少球虫病的发生，而且有利于实行机械化操作；而且笼养限制了肉鸡的活动范围，减少了能量消耗，节约饲料。缺点是设备投资大，胸囊肿和腿病的发生率高。

①饲养密度：单位面积内饲养肉鸡的只数。

图 4-3　层叠式笼养

图 4-4　阶梯式笼养

（4）笼养和平养相结合　我国不少地区的养殖户，在育雏期实行笼养方式，而育成、育肥期转到地面平养。育雏期鸡舍内需要较高的温度，此阶段采用多层笼养方式育雏，占地面积小，鸡舍利用率高，环境温度比较容易控制，可以节省能源。育雏结束后转到地面饲养，降低胸部和腿部疾病发生率，因此笼养和平养的结合兼顾了两种饲养方式的优点，此方法对小批量饲养肉鸡具有推广价值。

2.进雏前的准备

▶ 鸡舍清洗消毒

进雏前要将鸡舍彻底打扫干净，对鸡舍用品、用具（包括地面、门窗、墙壁四周、窗户和天花板等）进行彻底清洗，见图 4-5。

将可移动工具如饮水用具、供料用具等搬出舍外进行冲刷、晾晒。鸡舍内刷洗干净后，把所有用具安装到位，如料槽、小料桶等，进行鸡舍内外的消毒（图 4-6）。消毒方法参照第七章生物安全控制措施。

▶ 预温

鸡舍在雏鸡到达前 2～3 天开始预温，使舍内鸡群

图 4-5　鸡舍的清洗　　　　　　图 4-6　鸡舍喷雾消毒

所在区域温度达到 33 ~ 35℃。如果是层叠式笼养，要特别注意上、下层温度差别，开始可选择温度合适区域，然后逐渐扩群。

　　加温可以采用暖风炉供热、煤炉加热、火道供热（图 4-7）、保温伞加热（图 4-8）等不同方式。必需指出的是，如果采用舍内煤炉等方式加热，必须采取必要的措施防止煤气中毒事故的发生。

图 4-7　火道供热　　　　　　　图 4-8　保温伞供热

▶ 饲料与饮水的准备

　　进雏前要准备好饲料、饮水。在雏鸡入舍前半天将饮水器内加好水，放置在热源旁边，使雏鸡入舍后可饮到与室温相同的温水，也可将水烧开后凉至室温，以避免雏鸡直接饮用凉水导致拉稀。水中可以添加 2%～3% 葡萄糖或适量电解多维以及抗菌药。

疫苗和药品的准备

按照当地兽医主管部门推荐的免疫程序免疫。如果平时购买疫苗不方便，要提前购置疫苗备用，并按照说明书规定的保存方法保存。如果具备常见病的诊断治疗能力，建议储备些常用药，避免经常到兽药店买药造成交叉感染，还可以及时治疗。

生产记录表格的准备

肉鸡饲养过程中要做好日常生产管理记录，以做到有据可查，便于总结饲养管理的经验教训和进行经济效益核算。每批鸡上鸡之前，要准备好鸡舍记录表。需要记录数据包括：鸡只来源、免疫情况、鸡群健康状况、死亡情况、用药以及发病原因、饲料来源、耗料情况等。各种记录表见表 4-2 至表 4-9。

表 4-2　引种记录

品种名称	进雏时间	数量	引种单位	详细地址	电话	种畜禽生产经营许可证号

表 4-3　免疫记录

免疫时间	疫苗种类	疫苗厂家	疫苗批号	免疫方法	免疫剂量	免疫负责人

表 4-4　消毒记录

消毒时间	消毒剂名称	消毒剂用量	消毒方法	消毒负责人

表 4-5　发病记录

时　间	鸡群状态	吃料变化	饮水变化	解剖症状	兽医诊断结果	建议用药	兽医签字

表 4-6　用药记录

用药时间	药物名称	生产厂家	生产批号	药物用量	使用方法	停药时间	负责人

表 4-7　死淘记录及处理方法

时　间	死淘数量	死淘原因	处理方法	处理人

表 4-8　用料记录

进料时间	进料数量	饲料名称	饲料生产厂家	饲养员

表 4-9　销售记录

出栏时间	平均出栏重	出栏数量	销售价格	销往单位、电话	销售负责人

3.育雏期的健康养殖技术

　　育雏期是整个饲养管理阶段最重要的技术环节，该时期出现失误，不仅造成死亡率高，雏鸡生长发育不良等后果，还会直接影响到以后的生长速度、成活率、饲料报酬，因此，育雏期的饲养管理是整个饲养阶段的关键。

雏鸡的生理特点

（1）体温调节能力差　刚出壳的雏鸡体小娇嫩，且身上只有绒毛覆盖，加上大脑调节机能差，缺乏体温调节能力，难以适应外界大的温差变化，所以育雏期要给雏鸡提供足够高的温度以维持正常的代谢。

（2）代谢旺盛，生长发育快　育雏期是雏鸡相对生长最快的时期，抓住这个时机，提供充足的优质饲料，满足育雏期营养需要，促进雏鸡健康成长。

（3）胃容积小，消化能力差　幼雏发育不健全，消化能力差，胃、嗉囊及其他消化器官的容积又小，储存食物少，所以育雏期对饲料的品质和营养成分要求高，增加喂料次数。

（4）抗病力差　幼雏由于对外界的适应力差，对各种疾病的抵抗力也弱，在饲养管理上稍疏忽，即有可能患病。在30日龄之内雏鸡的免疫机能还未发育完善，虽经多次免疫，自身产生的抗体水平还是难于抵抗强毒的侵扰，所以对饲养管理的要求条件相对较高。

（5）敏感性强　饲料、环境的突然变化等应激因素都能够对雏鸡造成不良影响，要保持环境温度、饲料、喂料时间等相对稳定，避免无关人员、特别是其他动物进入，保持安静的环境。

雏鸡的选择

健康雏鸡应具备以下特征：眼大有神，活泼好动，叫声响亮，绒毛光滑、清洁，腹部柔软、平坦，卵黄吸收好，脐部愈合良好，喙、眼、腿、爪等不畸形，脚趾圆润。手握雏鸡有弹性，挣扎有力，体重均匀，符合品种要求。泄殖腔附近干燥，没有黄白色的粪便黏着。

雏鸡的运输

雏鸡的运输要求迅速、及时、安全。运输时最好用专门的运雏盒，也可用其他替代品，但要垫料柔软，密度适中，保温通气，所有工具应用前都要严格消毒。雏鸡要尽快送到养殖场，否则存放时间过长雏鸡会出现脱水现象。

▶ 育雏期的环境要求

（1）温度 温度是育雏成败的关键因素之一。雏鸡初生后体温调节能力差，必须提供适宜的环境温度。预温时间要看季节和外界温度以及供热设备而定，最好在进雏前一天使育雏区的温度达到33～35℃，不同日龄的适宜温度见表4-10。育雏温度应缓慢逐渐降低，避免温

表 4-10 不同日龄鸡的适宜温度

日　　龄	1～3日龄	4～7日龄	8～14日龄	15～21日龄	22～28日龄	29～35日龄	36日龄以上
温度（℃）	33～35	30～32	27～30	25～27	22～25	18～25	15～25

度大幅度起伏。衡量温度是否合适，除随时检查温度表外，还要观察鸡群动态（图4-9）。温度过高或过低不仅对鸡群的生长发育不利，而且导致雏鸡死亡率高。

（2）湿度 雏鸡生活在过于干燥的环境中，容易脱水，表现为饮水量增加，卵黄吸收不良。环境干燥还可导致灰尘量增加刺激呼吸道黏膜，诱发呼吸道病。要采取适当的措施使育雏舍保持合适的湿度。1周内湿度保持在65%～70%，以后逐渐降低至55%～60%。随着日龄的增加，由于雏鸡呼吸量、饮水量以及排粪量增加，室内容易潮湿，应注意通风换气，以保持合适的湿度环境。

（3）饲养密度 受饲养品种、饲养方式和鸡舍环境条件（特别是温度、

温度适中①

温度过高②

温度过低③

图 4-9 不同温度雏鸡的表现

①温度适中时，表现为精神活泼，羽毛光滑整齐，食欲旺盛，展翅伸腿，睡眠安静，睡姿伸头舒腿，均匀散布在热源周围。

②温度过高时，表现为远离热源，张嘴呼吸，饮水增多，而且高温影响雏鸡正常的代谢，雏鸡食欲减退，生长发育受阻。

③温度过低时，雏鸡向热源附近集中，闭眼尖叫，互相挤压，层层堆积，体质弱的鸡可能因为互相挤压而死亡。

湿度和通风）的影响较大。具体情况可视环境条件灵活掌握，夏季高温地区、通风降温条件差时应降低饲养密度。在良好饲养管理条件下，快大型肉鸡和快速型优质肉鸡育雏期饲养密度每平方米可在40只左右，随着日龄的增加，逐渐扩群至所需密度；饲养后期每平方米出栏体重控制在25～30千克为宜。中速型及生长更慢的优质肉鸡饲养后期每平方米出栏体重控制在15～18千克为宜。

（4）光照　光照对生产性能的发挥有一定影响，适宜的光照时间和光照强度，可以提高生长速度和成活率。光照程序见表4-11。1～3日龄采用长光照，以便于雏鸡熟悉环境，利于采食和饮水。为了让鸡熟悉黑暗环境，避免停电引起鸡群骚乱发生意外，4日龄以后采取光照23小时，1小时黑暗。1周龄以后光照强度可逐渐减弱，以鸡能看到吃食为宜，以防照度过强诱发啄癖。

表4-11　快大型肉鸡不同日龄适宜的光照时间控制

日　　龄	1～3日龄	4～7日龄	8～21日龄	22日龄至出栏
光照时间（小时）	24	23	23	23
光照强度（瓦/米²）	5～4	5～4	4～2.7	1.33～0.8

优质肉鸡，特别是中速型和慢速型优质肉鸡一般在育雏期后采用自然光照即可。如果由于市场行情的原因，而急于提前出栏，可根据实际情况增加光照时间。

（5）通风换气　通风是调节鸡舍环境条件的有效手段，不但可以输入新鲜空气，排出氨气（NH_3）、硫化氢（H_2S）等有害气体，还可以调节温度、湿度。为保持舍内空气新鲜，有利于鸡群生长发育，要在保温的同时，注意通风换气，鸡舍空气质量以人感觉适宜为标准。但要防止贼风的袭击或温度骤变诱发疫病。鸡舍通风方式等见第六章鸡舍建筑设计与环境控制。

▶ 育雏期的饲养管理

（1）开水[1]　饮用水应清洁卫生，水质符合 NY/T 388 的规定。雏鸡进入育雏室后，应及时供给清洁的饮水，有条件的头 3 天可饮用与室温一致的凉开水。在第一次的饮水中加入 2%～3% 的葡萄糖，建议在前 3～5 天的饮水中加入电解多维、抗菌药物，以增强鸡的免疫力，阻止病菌传播。葡萄糖可以直接加入水中，而抗菌药物要先用少量水进行充分溶解再倒入桶中充分混匀。采用乳头饮水器时，还要注意引导雏鸡饮水。

（2）开食[2]　在雏鸡充分饮水后（2～3 小时），即可开食（图 4-10），开食一般把全价粉料拌湿后，放在开食盘、小料桶或育雏料槽内饲喂。湿度以抓起成团，放开即散为宜。要注意少投勤添，每天至少 4～6 次。2 周龄以后可以逐渐减少喂料次数，但每天投料应不少于 3 次。为保证饲料新鲜、营养平衡，投喂的饲料夏季要每天吃净一次，冬季至少每 3 天吃净一次。

（3）鸡群观察　雏鸡活泼好动，应分布均匀，不扎

图 4-10　雏鸡的开食

[1] 开水：雏鸡的第一次饮水，也称为初饮。

[2] 开食：第一次喂料称为雏鸡的开食。

堆，不乱叫，不呆立瞌睡。雏鸡的采食量随日龄的增大而变大，平时注意采食量的变化，如果采食量减少或者不变，要迅速检查原因，及时解决。平时还要注意观察鸡粪便形状、颜色，有无红粪、绿粪或拉稀等异常情况的出现。

4.生长期和育肥期的健康养殖技术

➤ 科学调整喂料

生长期的鸡已能适应外界环境的变化。这个阶段重点在于促进骨骼和内脏生长发育，所以需要及时增加喂料量，调整饲料配方。换料时要循序渐进，逐渐更换，以免消化系统不适应饲料营养成分的突然变化，带来不必要的损失（图4-11）。鸡有挑食的习惯，易把饲料撒到槽外，所以每次投料不可超过料槽高度的1/3。应根据鸡不同的生长阶段,及时更换足够大的喂料工具（图4-12），而且分布均匀，以免影响采食，导致均匀度降低，影响鸡群的整齐上市。

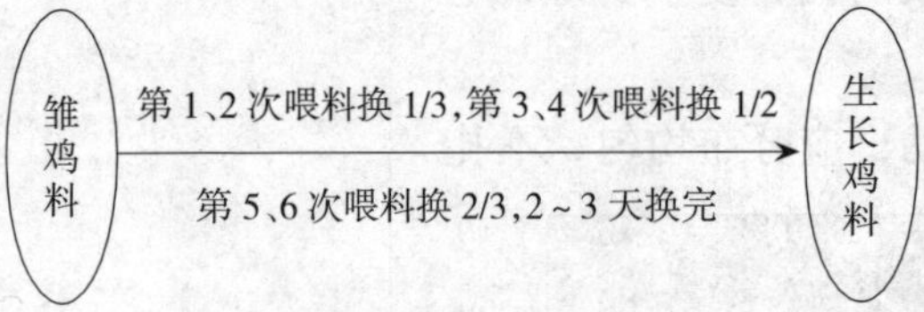

育肥期的饲养管理要点是促进肌肉更多地附着于骨骼及体内

雏鸡料　第1、2次喂料换1/3，第3、4次喂料换1/2　生长鸡料

第5、6次喂料换2/3，2～3天换完

图4-11　饲料更换过程

图4-12　育雏、育成、育肥期喂料设备

脂肪的沉积，增加鸡的肥度，改善肉质、皮肤和羽毛的光泽，因此调整饲料配方要以增加能量水平为重点，蛋白含量可以适当降低。此时期要特别注意按照用药规范，防止药物残留；同时，可以在日粮中少量添加安全无公害、富含叶黄素的饲料或饲料添加剂（着色剂）。尽量使鸡的运动降到最低限度，以提高饲料转化率；出栏、抓鸡前 6 ~ 12 小时停止喂料，正常提供饮水。

▶ 供给充足饮水

新鲜清洁的饮水对鸡正常生长尤为重要，每采食 1 千克饲料要饮水 2 ~ 3 千克，气温愈高饮水愈多。为使所有的鸡都能得到充足的饮水，自动饮水的要保证饮水器内不断水，使用其他饮水器的要保证有足够的饮水器且分布均匀。饮水器的高度要及时调整，防止饮水外溢，造成鸡舍内潮湿。常用饮水设备见图 4-13。

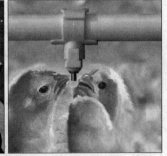

图 4-13　育雏、育成、育肥期饮水设备

▶ 进行合理分群

（1）公母分群　见图 4-14。因为公母鸡的生理基础不同，所以生长速度、脂肪沉积能力不同，对生活环境和日粮营养水平的需求也不一样，因此进行分群饲养，可以有效地提高饲料利用率，降低生产成本，提高经济效益。

公鸡群体

母鸡群体

图4-14　公母分群

(2) **大小、强弱的分群**　快大型白羽肉鸡一般采用公母混养的方式，在饲养过程中，因为个体差异、环境影响或饲养管理不当，可能会出现一些弱鸡，要及时进行大小、强弱分群，挑出病、残、弱、次的鸡，根据不同情况分别对待，以提高群体均匀度。个别残次个体应及时挑出予以淘汰，这样既可节约饲料，又可避免对其他个体的影响。

▶ 观察鸡群状态

饲养人员在饲养管理过程中，必须经常细心地观察鸡群的健康状况，做到及早发现问题，及时采取措施，提高饲养效果。

(1) **观察粪便**　每天进入鸡舍时，要注意检查鸡粪是否正常，正常鸡粪应为软硬适中的堆状或条状，上面盖有少量的白色尿酸盐沉淀。

(2) **观察健康状况**　每次饲喂时观察有无病弱个体，如发现鸡蜷缩于某一角落，喂料时不抢食，行动迟缓，精神萎靡，低头缩颈，翅膀下垂，应立即隔离治疗，严重者淘汰。

(3) **观察采食**　每天观察鸡的采食变化情况，如果采食量比前一天略有增加，说明情况正常，如果减少或连续几天不增加，则说明存在问题，需及时查明原因。

(4) **观察行为**　还应注意观察有无啄肛、啄羽等恶癖的发生。生长、育肥鸡体重增长迅速，如果日粮中缺乏某种营养素或饲养管理不当，易引发啄癖，一旦发现，必须马上剔出被啄的鸡，分开饲养，并采取有效措施，如降低光照强度、加强通风等防止恶癖蔓延。

5.放牧饲养的关键技术

优质肉鸡因为含有地方品种血液，适应性、抗逆性强，耐粗饲，活泼好动，尤其是中速和慢速型的，单纯采用舍饲会造成成本提高和肉质下降，因此建议育雏期过后，温度适宜可采取放牧饲养或者放牧与舍饲结合的方法。本部分重点讲述优质肉鸡的放牧饲养技术。

▶ 鸡舍建设

不管选择山地、果园或林地（图4-15、图4-16、图4-17）哪种放养地点，都要为鸡群搭建棚舍，供鸡躲避风雨及晚上休息用。规划建设鸡舍时要考虑所在地的气象、地质条件，避免大风、洪水等自然灾害可能造成的危害。鸡舍外开好排水沟利于排水，鸡舍高度一般设置

图4-15　山地放养

图 4-16　山楂园放养

图 4-17　速生林地放养

为 2 ~ 2.5 米，鸡舍内可用木条等制作栖架，以提高饲养
密度，还可减少肉鸡与粪便的接触。放养场地四周可以
设置篱笆，也可以选择尼龙网、镀塑铁丝网或竹围，高
度 2.5 米以上，防止鸡飞出。

> **放牧场地的规则**

　　放养密度、放养数量根据自己的实际条件确定。如

果放养场地植被较好，且具备轮牧条件，以放牧为主、补饲为辅时，密度不宜太大，每个放养群体在1 000只左右为宜。如果人工采集优质牧草等天然饲料资源饲喂，或者以饲喂为主，补饲为辅，则可以大群饲养，甚至可以在5 000只以上，放牧场地则不宜过大，否则饲料转化率降低，饲养管理成本等相应增加。为了提高放养效率，进雏可以选择在2~6月，放养期3~4个月，这段时间刚好牧草生长旺盛，昆虫饲料丰富，可以充分利用。

▶ **日常管理要点**

（1）信号训练 从育雏期开始，每次喂料时给鸡群相同的信号，使其形成条件反射。放养后通过该信号指挥鸡群回舍、饲喂、饮水等。坚持放养定人，喂料、饮水定时、定点，逐渐调教形成白天野外采食，晚上返回鸡舍补饲和饮水的习惯。

（2）放牧时机的选择 根据气候和植被情况，一般雏鸡饲养至30天左右，体重在0.3~0.4千克时开始进行放牧饲养。为了使鸡群适应放养环境，放养前应逐渐停止人工供温，使鸡群适应外界气温。开始放牧时以2~3小时为宜，以后时间逐渐延长，放牧场地也要从小到大，循序渐进。

（3）饲料的过渡 放牧前10天逐渐在饲料中掺入一些细碎、鲜嫩的青绿饲料，以后可以逐步采用每天在鸡舍外附近地面撒一些配合饲料和青绿饲料，诱导雏鸡地面觅食，以适应以后的放养生活。放牧前1周，为防止应激，可在饲料或饮水中加入维生素C或复合维生素。

（4）补料和喂水 根据放牧条件决定放牧期间的饲喂制度。如果以放牧为主，一般放养第1周，早、中、晚各喂1次；第2周开始早晚各1次，早晨少喂；逐渐过渡到每天晚上补料1次，在过渡的同时逐渐由全价料过渡到五谷杂粮，补料量根据放养场地植被和鸡群嗉囊充实程度而定。在放养场地供给充足的引水，并固定位置。人工补饲优质牧草等青绿饲料时，也应注意由少到多的原则。

(5) 轮牧　放养场地最好实行轮牧制度，以保证一定时间的休养期，这样可以利用日光自然除菌，还有利于植被的生长和恢复。具体轮换时间应根据植被状况而定。

(6) 驱虫　放牧饲养条件下，鸡群感染寄生虫的机会增加。要注意观测鸡群状况，如果感染寄生虫，就应在兽医的指导下及时驱虫。

(7) 放牧后期的饲养管理　出栏前 20 天左右，应逐渐减少鸡群活动量，增加喂料量，加强育肥，提高肌内脂肪含量，改善鸡肉品质。饲料的能量达到 13 兆焦 / 千克，粗蛋白 16%左右。饲料中不宜添加有异味的鱼油、牛油、羊油等油脂，以防影响肉质。

(8) 捕捉注意事项　因放养鸡长期运动，体能好，运动能力强，所以在出栏等需要捕捉时最好选在晚上，在微弱光照下进行，减少碰撞、挤压，避免不必要的损失。

五、肉种鸡的饲养管理技术

目标
- 了解公母鸡的繁殖生理与人工授精技术
- 掌握肉种鸡各个生长阶段的饲养管理技术

1.肉鸡的繁殖

公鸡的繁殖生理

公鸡生殖器官由一对睾丸、附睾、输精管和交配器组成（图5-1）。

（1）睾丸　终生存在于腹腔内，呈卵圆形，左右各一，左侧较右侧略大。以睾丸系膜悬于同侧肾脏的腹面、肺脏的后面。在性成熟后，具有明显的季节性变化，特别是在配种季节睾丸变大，颜色变白，精子大量形成，当性机能减退时则变小。睾丸不仅生成精子还分泌雄性激素。

（2）附睾　呈长椭圆形，紧贴在睾丸的背内侧，色深黄，常被睾丸系膜遮盖而不易发现。附睾主要由睾丸输出管和附睾管构成，发育较差，只有在睾丸活动期才明显扩大。

（3）输精管　一对极其弯曲的细管

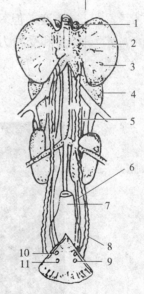

图5-1　公鸡的生殖器官
(参考张敏红《肉鸡无公害综合饲养管理》)
1.肾上腺　2.附睾区　3.睾丸　4.肾
5.输精管　6.输尿管　7.直肠
8.输精管扩大部　9.射精管口
10.泄殖腔　11.输尿管口

道，与输尿管并列，前连附睾，后端埋在泄殖腔壁内，末端形成输精管乳头，并突出于泄殖腔、输尿管口的外下方，开口于泄殖腔。输精管既是输送精子的通道，又是贮存精子的地方。当交配或采精时，精液借助管壁收缩而排出。

（4）交配器　公鸡的交配器官已经退化，只不过在泄殖腔的腹侧有短而可勃起的乳突状突起，叫阴茎乳头或交媾器。公鸡的交媾器不发达，刚孵化出的雏鸡较明显，可用以鉴别雌雄；交配时，勃起的交媾器与母鸡外翻的阴道接通，精液通过乳突注入母鸡的阴道。

（5）精液与精子　雏公鸡在 10～12 周龄即可产生精液，但只有到 22～26 周龄时，才能获得满意的精液量和受精力。鸡没有副性腺（精囊腺、前列腺和尿道球腺），所以射精量少。一次射精量为 0.6～0.8 毫升（图5-2）。

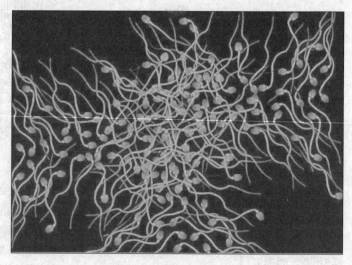

图 5-2　显微镜下精子的形态

母鸡的繁殖生理

为了适应飞翔、卵生、胚胎体外发育等需要，母鸡的卵巢和输卵管仅左侧正常发育，右侧在孵化的 7~9 天后逐渐退化，出壳后只保留痕迹。母鸡生殖器官（图 5-3）由卵巢和输卵管组成。

（1）卵巢 母鸡的卵巢呈结节状、梨形，位于腹腔左肺后方、左肾前叶头端、附着在背侧体壁。卵巢主要产生卵子和分泌激素。在母禽休产期或性成熟前期，卵巢皮质具有球状白色结节，内含卵子，即卵泡。卵泡发育到成熟排卵时，一般需要 7~10 天。正在产卵的母鸡，卵巢一般有 1~5 个破裂的卵泡。成熟母鸡的卵巢重量为 40~60 克。

图 5-3　母鸡的生殖器官

（参考张敏红《肉鸡无公害综合饲养管理》）

1.发育中的卵泡　2.成熟卵泡　3.喇叭部
4.膨大部　5.峡部　6.子宫部
7.阴道部　8.泄殖腔

（2）输卵管 鸡的左输卵管在小鸡时是一条细而直的小管，而到产蛋期发育为管壁增厚、长而弯曲的管道，其长度可达 60~70 厘米，在孵卵期回缩至 30 厘米，而在换羽期只有 18 厘米；母鸡的输卵管是一个高度分化的器官，占据腹腔左侧大部分，其前端接近卵巢，后端开口于泄殖腔。根据构造与功能，输卵管由前向后顺次可分为漏斗部、膨大部、峡部、子宫和阴道。

（3）排卵和蛋的形成 当卵泡发育成熟后，卵泡膜破裂排出卵细胞，被输卵管漏斗部收纳，在此停留 15~25 分钟，如遇精子即进行受精。卵进入膨大部后被腺体分泌黏稠胶状的蛋白包围，构成蛋的全部蛋白。再向后到达峡部，在子宫内将浅层蛋白稀释成稀蛋白。子宫腺的分泌物含有碳酸钙、镁等物质，沉积在壳膜外形成蛋壳。在连续产蛋的情况下，鸡一般在前一个蛋产出后约30分钟，卵巢即排出下一个卵，大多数高产品种两次产蛋的间隔时间为24～26小时。

▶ 人工授精技术

（1）种公鸡群的建立与比例　建立一个优良的种公鸡群是保证受精率的重要基础，必须按要求做好种公鸡的选择，在养殖过程中分3次并按比例决定选留和淘汰，如表5-1。

表5-1　分批进行公鸡的选留

选择次数	周　龄	特　　征	选留比例	备　注
第一次	6～8	个体发育良好、冠髯大而鲜红	稍大	
第二次	17～18	发育良好、符合标准体重、腹部柔软、按摩时有性反应	大于最终计划选留数的30%	若全年实行人工授精的种鸡场，还应选留15%～20%的后备种公鸡或补充新的公鸡
第三次	20	根据体重、精液品质选留	每百只母鸡选留3～5只	

（2）采精训练　一般情况下，种公鸡应发育到22～26周龄时进行采精。将选择好的种公鸡，在采精前1～2周投入单笼，按种公鸡的管理要求进行饲养，每天光照时间为14～15小时。用选定的采精方法，按操作要求对种公鸡进行采精调教。每天1～2次，一般经过连续3～5天训练后，即可采到精液。在采精训练中，对性反应迟钝者应加强训练或淘汰处理。

（3）种公鸡的准备　经调教后的种公鸡，应在采精前3～4小时断料，防止采精时排粪，污染精液；将种公鸡肛门周围的羽毛剪去，以利于采精操作；用70%酒精棉球对种公鸡肛门周围皮肤擦拭消毒，再用蒸馏水擦洗，待微干后采精。鸡的采精次数为每周3次或隔日1次。若配种任务重，可连采2天(每天1次)休息1天，但必须是30周龄以上的种公鸡。公鸡每天早上或下午的性欲最旺盛，是采精的最佳时间。

（4）采精器具与物品准备 采精用具主要是集精杯（图5-4），一般由优质棕色玻璃制成，另外准备酒精棉球、生理盐水、稀释液、保温器具等。但采精、贮精器具必须经消毒后备用。一般应采取高压灭菌，也可采用70%酒精消毒，但必须在消毒后用生理盐水或稀释液冲洗2~3次，干燥后备用。集精瓶内水温应保持在30~35℃。

（5）采精操作 采精方法包括母鸡诱情法、电刺激采精法、按摩采精法，生产中常采用按摩采精法，其步骤如图5-5。

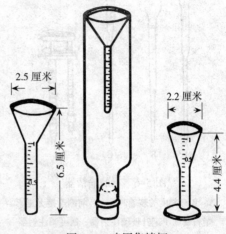

图5-4 鸡用集精杯

采精员用右手中指与无名指夹住采精杯,杯口向外

左手掌向下,沿公鸡背鞍部向尾羽方向滑动按摩数次;右手在左手按摩的同时,以掌心按摩公鸡腹部

当种公鸡表现出性反射时,左手迅速将尾羽翻向背侧,并用左手拇指、食指挤捏泄殖腔上部两侧,右手拇指、食指挤捏泄殖腔下侧腹部柔软处,轻轻抖动触摸

当公鸡翻出交媾器或右手指感到公鸡尾部和泄殖腔有下压感时,左手拇指、食指即可在泄殖腔上部两侧适当挤压

当精液流出时,右手迅速反转,使集精杯口上翻,并置于交媾器下方,接取精液

图5-5 采精常用操作步骤

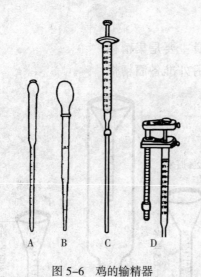

图 5-6　鸡的输精器

A、B.有刻度的玻璃滴管　C.前端连接无毒素塑料管的 1 毫升玻璃注射器　D.可调注射器

（6）鸡的输精

①输精要求：开始输精的最佳时机应为产蛋率达到 70% 以后；应在下午 4 时以后输精较为适宜，一般 5~7 天输精一次，原精液输入量应为 0.025~0.050 毫升。输精间隔与输精量要根据鸡的品种、年龄、季节等及时调整。

②输精器具：准备输精器（图 5-6）数支，原精液或稀释后的精液，注射器、酒精棉球等器具。

③输精方法：鸡的输精方法有阴道输精法（图 5-7）和子宫输精法两种，目前普遍采用阴道输精法。

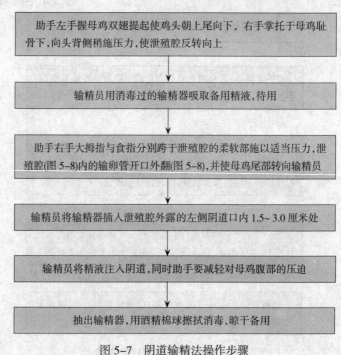

助手左手握母鸡双翅提起使鸡头朝上尾向下，右手掌托于母鸡耻骨下，向头背侧稍施压力，使泄殖腔反转向上

↓

输精员用消毒过的输精器吸取备用精液，待用

↓

助手右手大拇指与食指分别跨于泄殖腔的柔软部施以适当压力，泄殖腔（图 5-8）内的输卵管开口外翻（图 5-8），并使母鸡尾部转向输精员

↓

输精员将输精器插入泄殖腔外露的左侧阴道口内 1.5~3.0 厘米处

↓

输精员将精液注入阴道，同时助手要减轻对母鸡腹部的压迫

↓

抽出输精器，用酒精棉球擦拭消毒，晾干备用

图 5-7　阴道输精法操作步骤

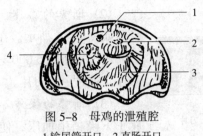

图 5-8　母鸡的泄殖腔

1.输尿管开口　2.直肠开口

3.粪窦　4.输卵管开口

2.育雏期的特殊要求

　　育雏期的日常饲养管理参照《商品肉鸡的健康养殖技术》一章,其中有几个方面需要特别注意。

▶ **断喙**

　　(1) 断喙的要求　为了减少啄羽、啄肛及节省饲料,种鸡一般都要断喙。断喙一般在 7~10 日龄进行,种母鸡上喙断至鼻孔前缘 1/2,下喙断 1/3。对于自然交配的公鸡上下喙都切掉 1/3,保持长度相等。断喙时有必要实施垂直断喙(图 5-9),避免后期喙部生长不协调或产生畸形;正确断喙的雏鸡和成鸡如图 5-10 所示。

正确——垂直切割　　不正确——生长不平衡

图 5-9　判定断喙是否正确的依据

图 5-10　正确断喙的雏鸡和成鸡

断喙器

刀片

图 5-11 常用断喙器与刀片

（2）断喙的器具 常用的断喙器如图 5-11 所示。在正常情况下，建议每断喙 5 000 只鸡或每当刀片变钝时更换刀片。

（3）断喙的操作 以食指尖放于下喙稍稍加压，使雏鸡将舌头退回口腔后部避免烫伤；拇指置于头后的方式握鸡，使下喙略微后缩，以保证均匀地切断上下喙。最好断喙和烙烫分两个阶段进行，烙烫良好的喙尖应是黑色的，有助于避免出血和细菌感染；操作人员直接将鸡喙置于目标盘的圆孔中切割并烙烫 2 秒钟。

（4）断喙的注意事项 为使雏鸡有轻微的饥饿感，断喙开始前 3～4 小时停料，断喙完成后应立即给予充足的粉料；如果需要再次修喙，应与疫苗使用结合，于 18～20 周龄进行。

▶ 剪冠

（1）剪冠目的 剪冠能避免鸡啄冠的发生；防止天气寒冷时鸡冠冻伤；可以减少单冠鸡在采食、饮水时，与饲槽和饮水器上的栅格或笼门等网栅摩擦引起鸡冠损伤；剪冠也可以避免因冠大而影响视线；如对父系进行剪冠，可防止父系与母系混群。

（2）剪冠时间 种用公雏最好在雏鸡出壳后即进行剪冠，剪冠越晚造成的应激反应越大。

（3）剪冠方法 剪冠最好用眼科剪刀，也可用弯剪或指甲剪，操作时剪刀翘面向上，从前向后紧贴头顶皮肤，在冠基部齐头剪去即可。

▶ 截趾

自然交配的种鸡场，配种时由于公鸡内侧的趾尖太锐利，常常划破母鸡背部皮肤，母鸡因疼痛而拒绝配种，从而降低种蛋受精率，甚至造成母鸡受外伤感染发炎而被淘汰。为避免这种损失，可以在 6～9 日龄时，将留种公鸡内趾尖、后趾尖切断。截趾手术可与断喙手术同时进行，做法是在趾尖与皮肤交界处切断，最后在断趾处涂上碘酒。

3.育成期饲养管理

肉种鸡能否发挥出优良的生产性能，很大程度上取决于育成期饲养管理的好坏。育成效果的判定则是由育成率、均匀度，适当的体重，体成熟和性成熟同步，以及良好的开产状况等诸多因素综合决定的。

➤ 提高三个均匀度

体重均匀度、骨架均匀度、性成熟均匀度三者之间是相辅相成，相互制约的，在鸡只不同生长阶段均匀度的选择应有所侧重。

（1）提高体重均匀度　测量鸡群均匀度的方法是以平均体重 ±10%或 ±15%为范围，用其含有数量占称重鸡只总数的百分比来表示。采用方法是抽测体重，每次称取 5%左右的鸡只，不得少于 30 只。

如果均匀度较差，应采取调群的方法。调群一般在12 周前进行，最晚不应超过 15 周，调群当天应该提前断料 12 小时。调群完毕后，根据体重大小调整喂料量，提高群体均匀度。

（2）提高骨骼均匀度　据统计，5～10 周龄鸡骨骼的大小与体重高低成正比，因此可用每周称重来简单了解鸡骨骼的生长趋势；在日常管理中要注意多触摸鸡的胸肌，胸肌发育不好的要及时淘汰；在国际上常利用龙骨长①、胫骨长度②（图 5-12）和换羽速度判断种鸡发育状况。

①龙骨长：用皮尺测量体表龙骨突前端到龙骨末端的距离。

②胫骨长度：用卡尺测量从胫部上关节到第三、四趾间的直线距离。

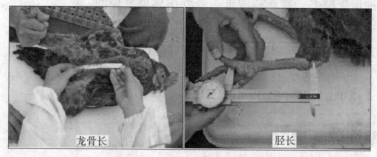

图 5-12　龙骨长与胫长的测量

　　（3）提高性成熟均匀度　育成中期(11～14周)每周增加 3～5 克料量，因为生殖系统已经开始发育，加料幅度可稍微有些增加。育成后期(15～23周)建议增加 10%～15%的喂料量，刺激种鸡生理变化并平稳地向性成熟转换。育成鸡性成熟开始时，冠、髯开始鲜红、膨大，符合品种的外貌特征，性成熟转换与否的判定如图 5-13。

图 5-13　性成熟（左）与未达到性成熟（右）的种公鸡

▶ 实施限饲方案

　　限制饲喂对提高肉用种鸡的生产性能，降低饲料消耗，保证种鸡利用价值等具有重要作用，是肉种鸡饲养管理中的核心技术之一。限饲要根据不同品种的饲养标准执行，快大型肉用种鸡要执行严格的限饲措施，而慢速型优质肉用种鸡的限饲就基本不需要。

(1) 限质法　限制饲料的营养水平，采用低能量或低蛋白，甚至低氨基酸的配合饲料，通过降低饲料营养水平达到限制生长，控制体重的目的。

(2) 限量法　限制喂料数量，一般按充分采食量的70%以上饲喂，此法应用普遍，但要求饲料营养完全，质量好，尤其要求喂料量准确。

(3) 限时法　有隔日限饲、喂5限2、喂4限3、喂6限1等几种方式，见表5-2。对育成期种鸡来讲，3/4法是最为合适的一种，对于提高育成期种鸡的均匀度起着重要的作用。随着日采食量的增加，一般在18周左右改为2/5法，20周左右渐改为每日饲喂。

表 5-2　限制饲喂程序举例

饲喂程序	周一	周二	周三	周四	周五	周六	周日
每日	√	√	√	√	√	√	√
6/1	√	√	√	√	√	√	×
5/2	√	√	√	×	√	√	×
4/3	√	√	×	√	√	×	×
隔日	√	×	√	×	√	×	√

▶ 光照的管理

(1) 加光的时间与时机　光照时间的增加要循序渐进，过度的刺激会造成双黄蛋增多等现象，一般每周增加30分钟较为适宜；公鸡的加光时机一般比母鸡早 5~7 天；加光方法要依据体况而定，体况好的可快些，反之则慢些。

(2) 光照管理程序　密闭式鸡舍光照不受自然季节变化的影响，光照时间、强度等完全靠人工控制；开放式鸡舍由于有自然光照，所以应该灵活调整。以爱拔益加父母代肉种鸡为例，表5-3、表5-4给出了开放式与密闭式的光照管理程序。

表 5-3　开放式鸡舍爱拔益加父母代肉种鸡光照程序

日　龄	光照时间（小时）
1	23
2	23
3	19
4～9	逐渐减少至自然光照时间
10～153	自然光照时间

表 5-4　密闭式鸡舍爱拔益加父母代肉种鸡的光照制度

日　龄	光照时间（小时）	光照强度（勒克斯）	
		育雏区域	鸡舍内
1	23		
2	23		
3	19	80～100	
4	16		
5	14		
6	12		10～20
7	11	30～60	
8	10		
9	9		
10～153	8		

4.产蛋期饲养管理

➤ 预产期饲养管理

（1）饲料更换　从 19 周龄到产蛋率达到 5% 的这一阶段，称为肉种鸡的预产期或产蛋前期。在此期间，母鸡体重迅速增加，所喂饲料应由育成鸡料更换为预产期料，在 22～24 周龄换成产蛋料。从 24 周龄产蛋开始，应按照饲养标准（表 5-5）添加贝壳粉等，以提高钙、磷比例。

表 5-5　爱拔益加肉用种鸡饲料营养建议量

项　目	雏鸡	育成鸡	预产鸡	产蛋鸡	24 周龄以上公鸡
代谢能（兆焦/千克）	11.50~12.50	11.00~12.00	11.70~12.50	11.50~12.50	11.00
粗蛋白（%）	17.00~18.00	15.00~15.50	17.75~18.25	15.00~16.00	12.00
钙（%）	0.90~1.00	0.85~0.90	1.50~1.75	3.15~3.30	0.80
有效磷（%）	0.45~0.50	0.38~0.45	0.42~0.45	0.40~0.42	0.35
蛋氨酸（%）	0.34~0.36	0.30~0.35	0.36~0.38	0.30~0.35	0.24
赖氨酸（%）	0.85~0.95	0.60~0.70	0.84~0.87	0.65~0.75	0.55

（2）光照改变　光照从 19 周龄或 20 周龄开始逐渐增加，增至 16~17 小时为止。第一次增加光照时间适当长一些，给予母鸡强有力的刺激，有利于促进母鸡的性腺发育。在 20 周龄时，将消毒过的产蛋箱放入鸡舍，每 4 只母鸡 1 个产蛋箱。

▶ 产蛋高峰期饲养管理

（1）饲喂方法　一般情况下，从鸡群开产到产蛋高峰这一段，采用自由采食。为防止母鸡过肥，还应促进种鸡活动，减少脂肪沉积。不同的品种饲喂标准各有差异，应参照该品种饲养标准的要求进行饲喂。表 5-6 给出了爱拔益加父母代种母鸡的部分饲喂程序，以供参考。

（2）夏季管理　夏季对产蛋期肉种鸡重点是防暑降温，促进食欲，防止鸡群中暑。同时，加喂抗应激药物，如在饮水中加 0.1%碳酸氢钠、0.2%~0.3%氯化铵等。夏季肉种鸡粪便较稀，湿度大，鸡粪极易发酵产生有害气体和其他异味，所以要注意勤除鸡粪。

（3）冬季管理　肉种鸡产蛋期最适宜温度一般在 13~23℃，低于 0℃便停止产蛋，所以防寒保暖是产蛋期的重点，可以采取加厚北面墙壁，增加草帘保温等措施加以缓解。由于冬季舍饲时间长，为了保温而过度封闭

表 5-6　爱拔益加父母代种母鸡的饲喂程序

日产蛋率（%）	料量增加（克）	饲料总量［克/（天·只）］
产蛋前	根据体重喂料	121.0
5	2.0	123.0
10	2.0	125.0
15	2.0	127.0
20	2.5	129.0
25	2.5	132.0
30	2.5	134.0
35	2.5	137.0
40	3.0	140.0
45	3.0	143.0
50	3.0	146.0
55	3.0	149.0
60	4.0	153.0
65	5.0	158.0
70~75	5.0	163.0

的鸡舍，空气极易污染，可以在中午温度升高的时候开窗通风 1~2 小时。

▶ 产蛋后期的饲养管理

（1）科学补钙　适当增加饲料中钙和维生素 D_3 的含量。产蛋高峰过后，蛋壳品质往往很差，破蛋率增加，在每日下午 3~4 时，在饲料中额外添加贝壳砂或粗粒石灰石，可以加强夜间形成蛋壳的强度，有效地改变蛋壳品质。添加维生素 D_3 能促进钙、磷的吸收。

（2）适当添加应激缓解剂　年龄较大的鸡对应激因素往往变得特别敏感。当鸡群受应激因素影响时，可在饲料中添加 60 毫克/千克的琥珀酸盐，连喂 3 周；或按每千克饲料加入维生素 C 1 毫克，以及加倍剂量的维生素 K_3，可以有效地缓解应激。

（3）保持充足的光照　每日光照时间应保持 16~17

小时，光照度为 15 ~ 20 勒克斯，可延长产蛋期，提高产蛋率 5% ~ 8%。

▶ 种公鸡的特殊管理

（1）温度与光照　成年公鸡在 20 ~ 25℃环境下，可产生理想的精液品质；温度高于 30℃时，精子产生受抑制；而温度低于 5℃时，公鸡性活动降低。光照时间 12 ~ 14 小时公鸡可产生优质精液，少于 9 小时光照则精液品质明显下降。光照强度在 10 勒克斯就可维持公鸡的正常繁殖性能，但弱光可延缓性的发育。

（2）诱使公鸡活动　公鸡腿部软弱或有腿病会影响配种，所以要诱使公鸡运动，锻炼腿力。采用公鸡饲槽可使公鸡不断地运动，因为公鸡必须不断地跳起来才能从食槽中吃到饲料。也可在供应饲料时将谷粒饲料撒在垫料上，诱使公鸡抓刨啄食，既可达到锻炼腿力的目的，又可促进垫料通风，防止公鸡腿部肿胀发炎。

▶ 种蛋的管理

（1）收集种蛋　种蛋产出后应及时收集，同时对合格种蛋、小型蛋、双黄蛋、脏蛋和裂损蛋进行分类。合格种蛋建议蛋重不得少于 50 克，对 42 日龄的商品代肉鸡来说，每 1 克蛋重影响 7 ~ 10 克的出栏体重。如果种蛋上只有少量的粪便或垫料，可用塑料或木制刮板将其擦净；切勿使用砂纸打磨，砂纸会破坏种蛋的蛋壳膜，明显增加孵化过程中爆蛋的可能性。

（2）种蛋消毒　种蛋收集后应立即进行消毒。为防止细菌被吸入蛋内，种蛋消毒过程中不得使种蛋的温度下降。种蛋贮存的地方和运输种蛋的车辆必须始终保持干净卫生并定期进行消毒。种蛋消毒的方法有多种多样，见表 5-7。

表 5-7　各消毒方法的相关效用

项　目	福尔马林	洗蛋机	浸泡	紫外线⑥
杀菌	√√	√√	√√③	√
胚胎安全	√√①	√②	√	√√
操作人员安全	×	√	√√	√
无蛋壳膜伤损	√√	×	√④	√√
蛋壳保持干燥	√√	×	×	√√
温度敏感性	√√	×	√⑤	√√

注：√√代表好，√代表可接受，×代表差。

①孵化过程中第 12~96 小时不能使用。

②老龄鸡群易受细菌感染，胚胎死亡率高。

③注意监测药液的使用和更换。

④取决于所使用的化学药物，季铵盐产品可以接受，双氧水不宜使用。

⑤注意药液的温度和浸泡的时间。

⑥紫外线不能有效地杀灭葡萄球菌，入孵前结合福尔马林熏蒸可提高消毒效果。

（3）种蛋贮存　种蛋蛋库应该专门设立，温度为 16~18℃，相对湿度维持到 75%。为达到最佳孵化率，50 周龄前肉种鸡所产种蛋贮存时间为 3~5 天，50 周龄以后为 2~4 天；一般认为，贮存超过 4 天后每多一天，出雏时间就会推迟 30 分钟，孵化率就降低 1%。蛋库中注意空气流通，保持温度恒定，以防种蛋表面产生冷凝水(出汗)，进而导致微生物趁机穿过蛋壳孔。

六、肉鸡场建设与环境控制

目标
- 掌握鸡场设计的要点
- 了解鸡舍建筑的方法与要求
- 掌握鸡舍常用的设施设备
- 学会利用畜牧工程措施进行环境控制

近年来，随着肉鸡疫病防控与饲料技术的日趋完善，环境控制作为增强养殖户竞争力新的砝码，其重要性已经逐步凸显出来（图6-1）。本章将从鸡场总体布局、鸡舍科学设计、运用工具设备三个方面层层深入，最终达到满足鸡体温度、湿度、光照、空气质量、通风等环境需求的目的，为充分发挥肉鸡生长潜力提供有力保证。

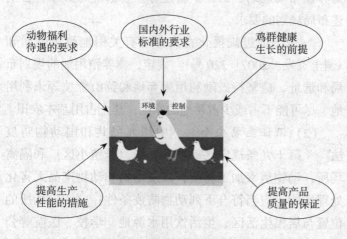

图6-1 环境控制的重要性

1.鸡场设计与总体环境要求

▶ 场址选择

（1）符合布局规划 《中华人民共和国畜牧法》第四十条的规定：《中华人民共和国畜牧法》第四十条规定：禁止在下列区域内建设畜禽养殖场、养殖小区：（一）生活饮用水的水源保护区，风景名胜区，以及自然保护区的核心区和缓冲区；（二）城镇居民区、文化教育科学研究区等人口集中区域；（三）法律、法规规定的其他禁养区域。特别应避开各县级人民政府根据《畜禽养殖禁养区划定技术指南》划定的禁养区、限养区范围。

为贯彻落实《畜禽规模养殖污染防治条例》（国务院令第 643 号）和《水污染防治行动计划》（国发〔2015〕17 号），指导各地科学划定畜禽养殖禁养区，环境保护部、农业部制定了《畜禽养殖禁养区划定技术指南》。全国各县（市）均根据指南的要求制定了当地的畜禽养殖布局规划，因此，新建养殖场选址时必须符合上述布局规划的要求。

《关于促进规模化畜禽养殖有关用地政策的通知（国土资发〔2007〕220 号）》规定，禽养殖用地的规划布局和选址，应坚持鼓励利用废弃地和荒山荒坡等未利用地、尽可能不占或少占耕地的原则，禁止占用基本农田。

（2）保证生物安全 《中华人民共和国动物防疫法》第十九条规定：动物饲养场（养殖小区）和隔离场所，动物屠宰加工场所，以及动物和动物产品无害化处理场所，应当符合下列动物防疫条件：（一）场所的位置与居民生活区、生活饮用水源地、学校、医院等公共场所的距离符合国务院兽医主管部门规定的标准；

（二）生产区封闭隔离，工程设计和工艺流程符合动物防疫要求；（三）有相应的污水、污物、病死动物、染疫动物产品的无害化处理设施设备和清洗消毒设施设备；（四）有为其服务的动物防疫技术人员；（五）有完善的动物防疫制度；（六）具备国务院兽医主管部门规定的其他动物防疫条件。目前各县级行政管理部门在"三区（禁养区、限养区、适养区）"划分中，规定了适养区中养殖场与居民生活区、生活饮用水源地、学校、医院等公共场所的具体距离，一定要注意查阅。示例见图6-2。

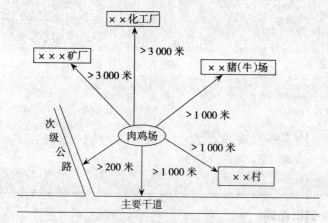

图6-2　肉鸡场应与周围建筑（或道路）保持的距离

（3）考虑地势地形　场址应地势高燥、平坦，位于居民区及公共建筑群下风向。在丘陵山地建场要选择向阳坡，坡度不超过20°。场区电力供应有保障，交通便利，有专用车道直通到场。

（4）选择适宜的总体环境

①土壤要求　在选择地址时要详细了解该地区的地质土壤状况，要求场地土壤未被传染病病原体或寄生虫污染过，透气性和透水性良好，能保证场地干燥。一般鸡场应建在沙质土或壤土的地带，地下水位在地面以下1.5～2米为最好。

②水质要求　鸡场用水比较多，每只成年鸡每天的饮水量平均为 300 毫升；在夏季一般鸡场的生活用水及其他用水是鸡饮水量的 2～3 倍。因此，鸡场必须要有可靠、充足的水源，并且位置适宜，水质良好，便于取用和防护。具体水质要求参照《无公害食品　畜禽饮用水水质（NY 5027—2008）》（见附录一）。

③空气质量要求　见表 6-1。

表 6-1　肉鸡场空气环境质量指标

序号	项目	场区	肉鸡舍	
			雏鸡	成鸡
1	氨气（毫克/米³）	5	10	15
2	硫化氢（毫克/米³）	2	2	10
3	二氧化碳（毫克/米³）	750	1 500	1 500
4	可吸入颗粒物①（标准状态，毫克/米³）	1	4	5
5	总悬浮颗粒物②（标准状态，毫克/米³）	2	8	8
6	恶臭（稀释倍数）	50	70	70

①可吸入颗粒物：是指悬浮在空气中，能进入人体呼吸系统的直径≤10 微米的颗粒物。

②总悬浮颗粒物：指悬浮在大气中不易沉降的所有的颗粒物，包括各种固体微粒、液体微粒等，直径通常为 0.1～100 微米。

▶ 分区布局

（1）合理分区规划　见图 6-3，鸡场可分成管理区、生产区和隔离区。各功能区应界限分明，联系方便。管理区设在场区常年主导风向上风处及地势较高处，主要包括办公设施及与外界接触密切的生产辅助设施，设主大门和消毒池。生产区可以分成几个小区，每个小区内可以有若干栋鸡舍，综合考虑鸡舍间防疫、排污、防火和主导风向与鸡舍间的夹角等因素。隔离区设在场区下风向及地势较低处，主要包括兽医室、粪便处理区等。为防止相互污染，与外界接触要有专门的道路。

管理区与生产区之间要设大门、消毒池和消毒室。鸡场的分区规划要因地制宜，不能生搬硬套别的鸡场图纸，图6-3给出了肉鸡场理想的分区规划。最为合理的方案应按地势高低和主导风向将各种房舍根据防疫环境需要的先后次序给予合理的安排。但是如果地势与风向不是同一方向，而按防疫要求又不好处理时，则以主导风向为主；与地势要求不相符合的地方挖沟或设障加以弥补。

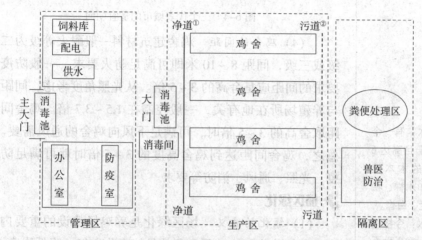

图6-3　肉鸡场的合理分区

（2）鸡舍的排列　鸡舍排列的合理性关系到场区小气候、鸡舍的采光、通风、建筑物之间的联系、道路和管线铺设的长短、场地的利用率等。鸡舍群一般采取横向成排（东西）、纵向呈列（南北）的行列式，即各鸡舍应平行整齐呈梳状排列，不能相交。鸡舍群的排列要根据场地形状、鸡舍的数量和每幢鸡舍的长度，布置为单列、双列或多列式，比如图6-3中的鸡舍排列属于单列式。不管哪种排列，一定要注意净道①与污道②的严格分开。

（3）鸡舍的朝向　鸡舍的朝向应由地理位置、气候环境等来确定，应满足鸡舍光照、温度和通风的要求。选取三个地方为例，北京最佳朝向为南偏西30°~45°，广州、上海稍偏南（0°~15°）为最佳，见图6-4。

①净道：指鸡群周转、饲养人员行走、场内运送饲料的专用道路。

②污道：指粪便等废弃物、病死鸡出场的道路。

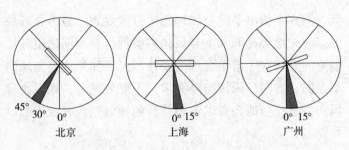

图6-4　三个代表城市的适宜朝向

（4）鸡舍的间距　鸡舍建筑材料一般耐火等级为二级或三级，间距8~10米即可满足防火要求。一般防疫要求的间距应是舍高的3~5倍。从光照角度考虑，间距与养殖场所在地有关，一般控制在1.5~3.7倍。鸡舍间距取舍高的3~5倍时，可满足下风向鸡舍的通风需要。总之，鸡舍间距达到鸡舍高度的3~5倍时就可满足防疫、光照、通风、消防等要求。

▶ **场区绿化**

（1）绿化的意义　场区绿化是养鸡场建设的重要内容，不仅美化环境，更重要的是能净化空气、降低噪声、遮挡风沙、调节小气候、改善生态平衡。绿化规划要结合区与区之间、舍与舍之间的距离、遮阳及防风等需要进行，绿化覆盖率不低于30%。具体间距要求见表6-2。

①乔木：有一个直立主干且高达6米以上的木本植物，比如木棉、松树、玉兰、白桦。

②灌木：今指植株矮小，靠近地面枝条丛生而无明显主干的木本植物，如玫瑰、龙船花、映山红。

表6-2　植树与建筑、构筑水平间距

名称	最小间距（米）	
	至乔木①中心	至灌木②中心
有窗建筑物外墙	3.0	1.5
无窗建筑物外墙	2.0	1.5
道路侧面外缘，挡土墙脚、陡坡	1.0	0.5
人行道	0.75	0.5
2米以下的围墙	1.0	0.75
排水明沟边缘	1.0	0.5

（2）绿化的内容 绿化包括防风林、隔离林、行道绿化、遮阳绿化、绿地绿化等。防风林应设在冬季主风的上风向，沿围墙内外设置，最好是落叶树和常绿树搭配，高矮树种搭配，植树密度可稍大些；隔离林设在各场区之间及围墙内外，应选择合适的乔木，并采取一定措施防止飞鸟的栖息；行道绿化是指道路两旁和排水沟边的绿化，起到路面遮阳和排水沟护坡的作用，可选用灌木；遮阳绿化一般设于鸡舍南侧和西侧，起到为鸡舍墙、屋顶、门窗遮阳的作用；绿地绿化是指鸡场内裸露地面的绿化，可植树、种花、种草，也可种植有饲用价值或经济价值的植物，如果树、苜蓿、草坪、草皮等，将绿化与养鸡场的经济效益结合起来。

2.鸡舍建筑设计

鸡舍的合理建筑设计是今后安全生产、取得良好经济效益的前提条件，可以使温度、湿度等控制在适宜的范围内，促进鸡群充分发挥生产潜力，实现最大的经济效益。

▶ 鸡舍类型

（1）密闭式鸡舍 鸡舍采用密闭式人工环境控制系统，负压纵向、横向通风相结合，保证舍内空气新鲜流通，温、湿度符合鸡只生理生长需要。鸡舍四周墙体及房顶、地面采用保温隔热材料。冬季有专门供暖设备，夏季采用水帘降温，以提供合适的温度条件。有自动供料系统，保证鸡只均匀采食；有自动除粪系统，以减少空气污染，减轻人工劳动强度。采用全进全出的饲养管理及完善的消毒设施，有效杜绝外来病原的侵入。

密闭式鸡舍因建筑成本昂贵，要求24小时能提供电力等能源，技术条件也要求较高，故我国农村鸡场及一般专业户都不采用此种鸡舍。这种鸡舍能给鸡群提供适宜的生长环境，鸡群成活率高，可以大密度饲养，一般适宜于大型机械化鸡场和育种公司。

（2）全开放式鸡舍　此种鸡舍多见于南方炎热地区，主要依赖空气自然流动进行舍内通风换气，自然采光。一般地面采用黏土加石灰夯实，屋顶用毛竹做横料，竹梢做椽子，在竹梢上铺稀帘子，上盖稻草。周围用铁丝网围起来，防止野鸟进入。其优点是投资小，成本低，但自然条件对鸡的影响大，不利于防疫及安全均衡生产。

（3）半开放式鸡舍　见图6-5，半开放式鸡舍为利用自然环境因素的节能型鸡舍建筑，利用太阳能、鸡群体热和棚架蔓藤植物遮阳等自然环境条件。不设风机，不采暖，配备塑料编织卷帘或双层玻璃钢两用通风窗，通过卷帘机或开窗机控制通风换气。长出檐的亭檐和地窗可增强通风效果，降低鸡舍温度。通过南向内外两层卷帘或双层窗的温室效应和隔热作用，达到冬季增温和保温效果。

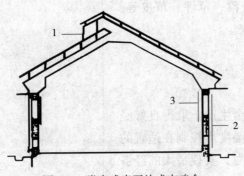

图6-5　卷帘式半开放式肉鸡舍
1.排气窗　2.外卷帘布　3.内卷帘布

鸡舍建筑一般设置为长30～60米，宽7～9米，高2.5～2.8米，利用横向自然通风方式即可满足鸡舍环境要求。如再加大宽度，则需要配合机械通风。冬季关严卷帘或门窗，尽量避免缝隙冷风渗透，以利保温。夏季门窗、卷帘全部打开，地窗打开，这样在上部可形成较宽的通风带，下部地窗可形成"扫地风"，加速了舍内空气的流动，降低鸡的体感温度。早春、晚秋，早、晚关闭或半闭，其他时间打开，便于自然通风。

（4）塑料大棚鸡舍　见图6-6，这种鸡舍投资少，比房屋结构大大降低了建筑成本；操作方便，可以灵活选用机械化操作或者人工操作，已经被广大养殖户所认可。一般鸡舍跨度（宽度）7~10米，长度根据饲养规模可大可小，20~80米均可，横切面最高点为2.7~2.85米，两肩高0.85~1.10米，两肩以下为通风调节口，两肩以上为弓形棚顶。棚两侧边缘用砖砌30厘米高墙，可缓冲进入的冷空气，同时作为隔断。

每隔30米在棚两侧各建一炉灶，炉腔口在舍外，在一侧棚下挖1米深坑建炉腔，炉腔连舍内火道（35厘米内径的钢瓦管）约20米出棚接烟囱，舍外烟囱高2.8~3.5米。舍内火道开始1米处要用砖砌再接钢瓦管，可防止钢瓦管烧裂。

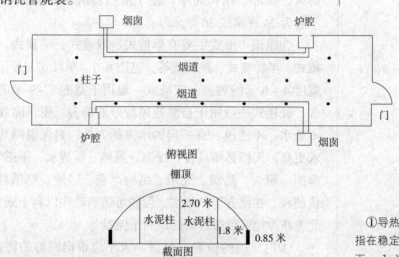

图6-6　塑料大棚鸡舍示意图

> **建筑要求**

（1）建筑材料的选择　对建筑材料总的要求是：导热系数①小，容重②小，具有较好的防火和保温隔热性能，应根据当地的最高、最低温度，并考虑鸡舍建筑材料的隔热性（R值），屋顶的R值要高于侧墙。结合目前国内外主要养殖区情况，一般情况下，建议在我国河南、山

①导热系数：是指在稳定传热条件下，1米厚的材料，两侧表面的温差为1度，在1小时内，通过1米²面积传递的热量。

②容重：一般是工程上用的1米³的重量，即单位容积内物体的重量。

东及河北南部等地区，屋顶的 R 值不小于 18，侧墙不小于 12；而东北北部部分地区，在极冷温度可达 –35℃ 的情况下，根据经验，此时 R 值需达到：屋顶 30~35，侧墙 20。鸡舍的结构，能抵御当地最大降雨 / 积雪、最大风速、地震，台风多发地区有能抵御强台风的能力。

（2）基础结构

①基础　是地下部分，基础下面的承受荷载的那部分土层就是地基。地基和基础共同保证鸡舍的坚固、防潮、抗震、抗冻和安全。

②墙　对舍内温湿状况的保持起重要作用，要求有一定的厚度、高度，还应具备坚固、耐久、抗震、耐水、防火、抗冻、结构简单、便于清扫和消毒的基本特点。一般为 24 厘米或 36 厘米厚。

③屋顶　形式主要有单坡式、双坡式、平顶式、钟楼式、半钟楼式、拱顶式等，见图 6-7。单坡式一般用于宽度 4～6 米的鸡舍，双坡式一般用于宽度 8～9 米的鸡舍，钟楼式一般用于自然通风较好的鸡舍。屋顶除要求不透水、不透风、有一定的承重能力外，对保温隔热要求更高。天棚必须具备：保温、隔热、不透水、不透气、坚固、耐久、防潮、光滑、结构严密、轻便、简单且造价便宜。在南方干热地区，屋顶可适当高些以利于通风，北方寒冷地区可适当矮些以利于保温。

④门　门的位置、数量、大小应根据鸡群的特点、饲养方式、饲养设备的使用等因素而定。鸡舍的门宽应考虑所有设施和工作车辆都能顺利进出。一般单扇门高 2 米，宽 1 米；双扇门高 2 米、宽 1.6 米（2×0.8 米）。为了便于小推车进出方便，门前可不留门槛。有条件的可安装弹簧推拉门，最好能自动保持在关闭的位置。

⑤窗　一般窗的总面积为地面面积的 15% 左右，南窗面积比北窗大，北窗为南窗面积的 2/3 左右。寒冷地区

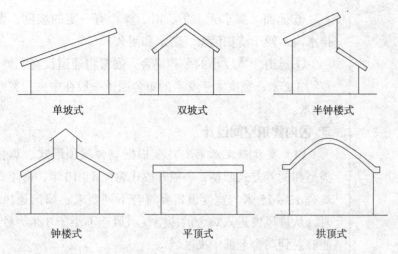

| 单坡式 | 双坡式 | 半钟楼式 |
| 钟楼式 | 平顶式 | 拱顶式 |

图6-7 鸡舍屋顶形式

的鸡舍在基本满足采光和夏季通风要求的前提下窗户的数量尽量少，窗户也尽量小。在南北墙的下部一般应留有通风窗（地窗），尺寸30厘米×30厘米即可，并在内侧蒙上铁丝网和设有外开的小门，以防禽兽入侵和便于冬季关闭。鸡舍屋顶设天窗，间距与大小根据整体建筑结构调整，可以每隔6米一个，天窗为60厘米直径的圆形；也可以每隔3米一个，则天窗设为30厘米直径的圆形。天窗的设计要便于开关，上边需安装顶帽。见图6-8。

图6-8 肉鸡舍窗的位置

⑥地面　要求光、平、滑、燥；有一定的坡度；设排水沟；便于清扫消毒、防水和耐久。

⑦过道　宽度小的平养鸡舍，通常将通道设在北侧，宽约 1.2 米；宽度大于 9 米的鸡舍通道一般在中央，宽约 1.5 米。

▶ 舍内建筑空间设计

（1）宽度确定原则　宽度根据鸡舍屋顶形式、鸡舍类型和饲养方式调整，一般开放式鸡舍 6~10 米，密闭式鸡舍 12~15 米。宽度设定要符合下列要求：横向通风[①]时，从进风窗进入鸡舍的冷空气（风速不小于 3 米／秒）能够射到鸡舍上部中央区域。

（2）长度确定原则　纵向通风[①]时，沿鸡舍纵向两侧的温差不应该超过 3℃，由此确定鸡舍不宜超过 120 米。宽度 6~10 米的鸡舍，长度一般在 30~60 米；宽度较大的鸡舍如 12 米，长度一般在 70~80 米。机械化程度较高的鸡舍可长一些，但不能超过 120 米，否则机械设备的制作与安装难度较大，材料不易解决。

（3）高度确定原则　应从投资、保温效果、纵向通风、设备安装、是否利于人员操作、习惯等角度综合考虑。当高度过高时，投资增加、鸡舍表面积大，不利于纵向通风；当高度过低时，安装设备后，不利于人员操作。宽度不大、平养及不太热的地区，鸡舍不必太高，一般从地面到屋檐口的高度 2.5 米左右即可。

（4）面积确定原则　鸡舍面积由鸡舍宽度、长度决定，其面积的大小直接影响鸡的饲养密度。快大型肉鸡与优质肉鸡的合理饲养密度参照"商品肉鸡的健康养殖技术"部分，大型商品肉鸡场占地面积及建筑面积控制见表 6-3。

①横向通风与纵向通风：这是两个相对的概念，比如一般鸡舍建成东西走向（东西长、南北短），则南北通风就属于横向通风，东西通风就属于纵向通风。

表 6-3　商品肉鸡场占地面积及建筑面积控制指标[①]

饲养规模（万只）	占地面积（米²）	总建筑面积（米²）
100	63 300～109 000	15 620～28 500
50	33 570～57 660	8 580～15 150
10	10 830～13 760	2 600～3 690

3.设施设备

①参考《集约化养鸡场建设标准（摘要）》。

▶ 饮水系统

标准化规模肉鸡场鸡存栏量多，要求水源稳定并且必须具备应急条件下的饮水供应能力。因此，可以根据情况配备储水设备或者利用水质合格的地下水。

（1）水质净化设备　水质不达标的地区，需安装水质净化设备，确保饮水安全。为防止乳头饮水器堵塞，在鸡舍供水管线上安装杂质过滤装置（图 6-9），除去水中悬浮杂质。

（2）饮水设备　主要应用的有吊塔式饮水器（图6-10）、乳头饮水器（图 6-11）。吊塔式饮水器又称自流式饮水器，适于 2 周龄内雏鸡使用。这种饮水器多由尖

图 6-9　杂质过滤装置

图 6-10　吊塔式饮水器

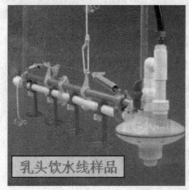

图 6-11　乳头饮水器设备

顶圆桶和直径比圆桶略大一些的底盘构成。圆桶顶部和侧壁不漏气，基部离底盘高 2.5 厘米处开有 1～2 个小圆孔。利用真空原理使盘内保持一定的水位直至桶内水用完为止。这种饮水器构造简单、使用方便，容易清洗消毒。它的优点是不妨碍鸡的活动，工作可靠，不需人工加水，主要用于平养鸡舍。乳头饮水器具备饮水清洁、节水等优点，但在使用时注意水源洁净、水压稳定、高度适宜。另外，还要防止长流水和不滴水现象的发生。已被大多数标准化肉鸡场采用。

▶ **喂料设备**

（1）人工喂料设备

①料桶（图 6-12）　圆形饲料桶可用塑料和镀锌铁

皮制成，用于垫料平养和网上平养。这种料桶中部带有圆锥形底，外周套以圆形料盘。料盘直径为 30~40 厘米，料桶与圆锥形底之间留有 2~3 厘米间隙，从而使桶里的饲料自动流入料盘。下方设计隔网防止鸡只踩入，保持饲料卫生，一般肉鸡料桶高度以 4~6 厘米为宜。

②长料槽（图6-13）　适用于笼养肉鸡舍，要求表面平整光滑，便于鸡采食，饲料不浪费，鸡不能进入，且便于清洗消毒。一般采用硬质塑料制作，食槽靠近鸡的一端应有卷曲弧度，剖面成"凹"形，防止鸡啄食时将饲料带出。规模化肉鸡场经常结合行车式喂料设备使用。

③料车与喂料撮子（图6-13）　料车内装料，人工推动行走喂料；喂料撮子可以做成各种形状，但要求结实耐用，上方应有把手便于操作。黄羽肉鸡网上笼养多采用这种给料方法。

（2）自动喂料设备

①贮料塔（图6-14）　塔体一般由高质量的镀锌钢板制成，其上部为圆柱形，下部为圆锥形；可根据用户要求配置气动方式填料或绞龙加料装置；设计在鸡舍一

图6-12　人工喂料料桶

图 6-13　长料槽（饲养员正在进行人工喂料）

图 6-14　贮料塔

端或侧面，配合笼养、平养自动喂料系统。节省人工和饲料包装费用，减少饲料污染环节。

　　②绞龙式喂料机（图 6-15）　该输料系统运行平稳，能迅速将饲料送至每个料盘中并保证充足的饲料；自动电控箱配备感应器，大大提高了输料准确性；料盘底部容易开合，清洗方便。

　　③行车式喂料机（图 6-16）　行车式喂料机根据料箱的配置不同可分为顶料箱式和跨笼料箱式；根据动力配置不同可分为牵引式和自走式。顶料箱行车式喂料机设有料桶，当驱动部件工作时，将饲料推送出料箱，沿滑管均匀流放食槽。跨笼料箱行车式喂料机根据鸡笼形

图 6-15　绞龙式喂料机

a　　　　　　　　　　　　　　　　b

图 6-16　行车式喂料机

a.项料箱行进式喂料机　b.跨笼料箱行车式喂料机

式有不同的配置，当驱动部件运转带动跨笼箱沿鸡笼移动时，饲料便沿锥面下滑落放食槽中。

> **通风降温设备**

通风降温设备主要包括风机、进风窗、湿帘、卷幕帘、保温门及其附属设备（风机遮光罩、风机保温门、防雨罩、遮光罩等）。

（1）风机（图6-17）　风机按外壳材质分为镀锌板和玻璃钢两种。养殖场常用的风机主要有离心式、轴流式两种。离心风机的气流方向切于叶片旋转方向，靠离心力把气流甩出来的；轴流风机气流轴向进入风机的叶轮，近似地在圆柱形表面上沿轴线方向流动。离心风机与轴流风机比较，最大的缺点就是体积大。另外，在相

103

图6-17　镀锌风机

同风量、相同风压的情况下，离心风机的耗电量要比轴流风机大很多。此外，离心风机能够改变风管内介质的流向，而轴流风机不改变风管内介质的流向。因此，养殖场多用轴流风机进行通风，而在暖风炉与暖气管道之间可以利用离心风机。

①风机常用规格　见表6-4。

表6-4　常见风机的规格

名称	额定电压（伏）	额定电流（安）	额定功率（千瓦）	安装洞口尺寸（毫米）	重量（千克）
50″轴流风机	380	2.8	1.1	1 400（±5）×1 400（±5）	86
36″轴流风机	380	1.7	0.4	1 020（±5）×1 020（±5）	52
50″蝴蝶拢风筒风机	380	2.8	1.1	1 400（±5）×1 400（±5）	108
50″养殖通风机	380	2.8	1.1	1 400（±5）×1 400（±5）	73.5
50″拢风筒风机	380	2.8	1.1	1 400（±5）×1 400（±5）	92
24″玻璃钢风机	380/220	1.5/2.7	0.37	785（±5）×785（±5）	40

②风机保温门（图6-18）　性能作用：冬季密封保温。根据材质不同保温效果有所不同。性能对比：PU（聚氨酯）＞XPS（聚苯乙烯挤塑）＞EPS（聚苯乙烯发泡）。冬季需要保温时先将风机保温门放在底部支架上，

然后把对应位置的搭扣挂在搭扣挂钩上。夏季不需要时可以把风机保温板组件放开搭扣，拿下统一妥善放置。

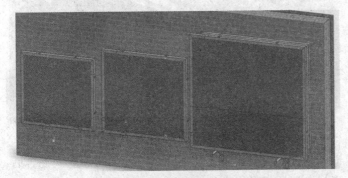

图 6-18　风机保温门模型

（2）进风窗及附属设备　常用小窗有弹簧进风窗（图 6-19）、屋顶双面加长进风窗（图 6-20）、侧墙加长进风窗（图 6-21）、加长屋顶单面进风窗等。使用小窗进风要保证小窗有足够的风速，空气可以达到鸡舍中间。小窗电机放在中间要保证小窗开启大小一致，空气均匀分布。在负压通风时要开启足够大小，保证舍内的静态负压。

图 6-19　弹簧进风窗

图 6-20　屋顶双面加长进风窗

（3）湿帘（图 6-22）　湿帘降温系统主要用于降温，也可用于增湿。主要采用"湿帘－负压风机"模式，当室外热空气被风机抽吸进入布满冷却水的湿帘纸时，冷却水由液态转化成气态的水分子，吸收空气中大量的热

图 6-21 侧墙加长进风窗

能，从而使空气温度迅速下降，与室内的热空气混合后，通过负压风机排出室外。

图 6-22 湿 帘

（4）保温门（图 6-23） 通过调节保温门开口大小调节湿帘进风口进入舍内的风速及风向，以达到理想的通风降温效果，而完全关闭后良好的保温门材质可以起到保温的效果。

图 6-23 水帘侧的保温门

控温设施

加温设施

①保温（育雏）伞（图6-24）供暖　干净卫生，雏鸡可在伞下进出，寻找适宜的温度区域；缺点是耗电较多。育雏伞作为热源加温时，可根据雏鸡的行为表现，调整保温伞的高度。目前部分小型肉鸡场仍然采用这种供暖方式。

图6-24　育雏伞供暖

②暖风炉供暖　暖风炉（图6-25）在鸡舍操作间一端安装。启动后，空气经热风炉的预热区预热后进入离心风机，再由离心风机鼓入炉心高温区，在炉心循环使气温迅速升高，然后由出风口进入鸡舍，使舍温迅速提高，并保证了舍内空气的新鲜清洁。

图6-25　暖风炉供暖设备

③暖气供暖（图 6-26）　有气暖和水暖两种，热效率高，适用于大型标准化养殖场。

图 6-26　暖气集中供热

▶ 照明设备

最常用的人工光照设备是白炽灯和节能日光灯。白炽灯虽然首次投资较小，但发光效率很低，大约是日光灯的 1/5。因此，在光照效果相同的情况下，使用日光灯所用功率较小，节能省电。近几年发展起来的 LED 鸡舍照明灯，因其固有的发光效率优势，电能转化率高，较传统照明方式的能耗降低 50% 以上，而且 LED 灯的理论时长达 100 000 小时，维护成本下降 80% 以上，大有取代白炽灯和日光灯之势。见图 6-27。

▶ 清粪设备

（1）牵引式刮板清粪机（图 6-28）　适用于网养的鸡舍，通过刮板将棚架下粪便收集，运输到舍外集中处。常用的结构为一拖二（一台电机和两台刮粪板），清粪机为一套循环系统，它由一台驱动主机、四个转角轮、两台刮板及牵引绳组成。牵引绳将各个部件串联起来，工

白炽灯

节能灯

LED灯

图 6-27　各种照明灯

作时在主机的驱动下，通过牵引绳与主机绳辊的摩擦力将动力传送到刮板上，刮板产生瞬时速度，将鸡舍内的粪便刮走。

（2）横向清粪和斜向清粪系统（图 6-29、图 6-30）该清粪系统适用于多层笼养鸡舍。包括鸡舍内部的横向清粪和鸡舍外部的斜向清粪两部分。横向清粪部分位于鸡舍后端粪沟底部，主要是收集由主体各层清粪带输送过来的粪便，传输到鸡舍外部的斜向清粪的粪斗中，再由斜向清粪部分将粪便提升到运输设备中（粪池、农用车或汽车等）。

▶ 笼具设备

肉鸡笼养设备主要包含阶梯式笼养设备和层叠式笼设备（详见"商品肉鸡的健康养殖技术"部分）。

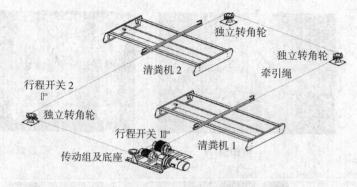

牵引式刮板清粪机结构图

清粪机驱动主机

刮粪板

图 6-28　牵引式刮板清粪机及其组成

图 6-29　横向清粪和斜向清粪系统模式图

图 6-30　斜向清粪系统

4.环境控制

▶ 温度控制

在 20 日龄以前，雏鸡羽毛还没有长全，保温能力差、体温调节系统尚未发育完善，对外界温度的变化非常敏感。因此，鸡舍的温度要相对稳定，鸡舍的温差在时间和空间上要保证在 ±1℃范围内。

当舍内温度过高时（图 6-31），小鸡就要通过加快呼吸从机体散热，需氧量也会增加。随着温度的增加耗料量减少，温度每升高 1℃耗料量下降 1%。结果导致因热应激采食下降，如标准温度增加 3℃，生长率可降 0.9%，饲料转化率可减 2.1%。在育肥后期高温，每天高温持续 2～4 小时不仅会降低生长率，甚至会因热应激而死鸡。鸡太热时就会远离热源，喘气，表现得十分安静，翅膀可能下垂。

当温度低时（图 6-32），机体要产热进行保温，因此鸡的代谢需要增加，饲料转化率升高，同时，需氧量增加。低温会造成采食过多，使料重比提高，均匀度也差。如在育雏期环境温度 30℃时，每下降 1℃可增加维持量 3%，加大料重比，生长发育慢，而且极易诱发传染性支气管炎的发生。雏鸡在低温环境中表现互相拥挤、扎堆、

图 6-31　鸡舍温度过高

图 6-32　鸡舍温度过低

绒毛蓬乱、翅膀下垂，发出唧唧喳喳的叫声；若低温环境持续较久，则可引起雏鸡大批死亡。

对于垫料平养来说，垫料的温度（表6-5）也十分必要。垫料温度低，雏鸡早期进食量小，生长速度慢，均匀度差。第1周内便有相当高的死亡率，尤其是第3天达到死亡的高峰。

表6-5 不同日龄的垫料温度

日龄	0～3日龄	4～7日龄	8～14日龄	15～21日龄	22～28日龄	35日龄至出栏
温度（℃）	32～33	30	28	26	24	21

（1）低温时的控制

①做好鸡舍隔断保温工作（图6-33、图6-34） 鸡舍育雏末端采用连续双层隔断的方式，并做密封，减少贼风进入育雏间。

图6-33 连续双层保温隔断　　　　图6-34 隔断压实防贼风

②鸡舍密封工作（图6-35） 鸡舍水帘间、木窗外用塑料薄膜密封。减少贼风的影响，提高鸡舍保温效果。风机内外制作压膜槽，鸡舍不用的风机内外用塑料薄膜密封，鸡舍墙壁缝隙用泡沫剂封实。

③扩栏时提前预温 提前3～5天对要扩栏鸡舍进行预温，并悬挂温度计，达不到温度不能扩栏。

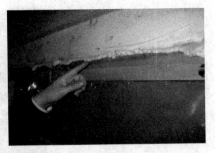

图 6-35　鸡舍的密封

（2）高温时的控制

①增加挡风帘（图 6-36）　　同时在鸡舍中后部每 8 米在梁上挂 80～100 厘米的塑料挡风布，增大鸡舍中后部鸡背上方风速，可以达到 3.5 米/秒左右。体感温度能降低 10℃左右。

②房顶喷水降温（图 6-37）　　在极端高温天气，使用鸡舍房顶洒水能有效解决高温问题，徐家鸡场 5 号舍在 27 日龄中午 11 点试用鸡舍棚顶铺设水管，持续流水，浇湿鸡舍房顶，能使鸡舍温度降低 3℃左右，取得较好的降温效果。

图 6-36　鸡舍的挡风帘　　　　　　图 6-37　屋顶喷水降温

③鸡舍雾线加湿降温（图 6-38）　　使用雾线降温，每半小时喷雾 5 分钟，可使鸡舍内降温 5～10℃，防止鸡体内积温过高而出现急性死亡。

④水帘降温法　见图 6-22。当环境温度超过 32℃

图 6-38　鸡舍雾线加湿

图 6-39　墙壁地面及垫料加湿

图 6-40　暖风管道加湿

时，增加通风量并不能提供舒适凉爽的环境，有条件的地方如果用深水井的水浸泡水帘，可以使鸡舍内的温度明显下降。我国自 20 世纪 80 年代后期开始推广水帘蒸发降温，应用日趋广泛。

（3）湿度控制　养殖过程中不要忽视湿度的管理。鸡舍湿度过低，空气干燥会引起飞尘，飞扬的尘埃进入肉鸡上呼吸道会引发呼吸系统疾病；还会引起鸡脱水

（特别是 1 周龄内的雏鸡），导致上呼吸道黏膜干燥，天然屏障作用降低。湿度过大，舍内风速降低，影响鸡只散热，夏天会引起中暑；湿度过大有利于细菌、球虫的繁殖。

整个养殖过程要控制相对湿度在 50%～65%（表6-6），过高或过低都要及时调整，并找出发生的原因。

表 6-6 不同日龄的湿度要求

日龄	1	7	14	21	28	35	42
湿度（%）	65	60	60	60	55	55	50

湿度对鸡生长影响非常大，要高度重视。低于 45%会使鸡的呼吸系统受到刺激和不适。超过 65%会引起呼吸困难和心血管系统传递氧气的能力减弱，进而造成呼吸系统超负荷。

①如果鸡舍湿度过低，要及时增加湿度（图 6-38、图 6-39、图 6-40）。

可以在进鸡前两天，不间断地对地面、墙壁洒水加湿；也可以通过垫料进行加湿。

用喷雾器通过对墙壁、风道等进行人工加湿；热风炉风道加湿，雾线加湿（少量、注意水温），安装专用加湿设备。

②如果湿度过高，要采取措施降低湿度。

及时清除粪便：鸡粪含水量高（约为 85%），积在鸡舍内易使湿度增大，必须及时清理。在夏季，对于笼养和网养鸡最好每天清理两次，平养鸡及时翻垫料。

增加通风量：通过加大通风量，加大舍内空气流动，及时带走水汽和鸡体产生的热量。外界空气湿度较高时，停止湿帘的使用。

保持合理饲养密度：夏季应适当降低鸡的饲养密度。垫料平养的密度低些，架养或网养的密度可比垫料平养的增加 20%。

加强鸡舍管理：在雨季来临前，维修好鸡舍，防止漏雨；选用吸潮性好的垫料，并及时更换；及时维修不良饮水器具，防止溢水、漏水。

▶ 通风控制

通风直接关系到温度、湿度、有害气体浓度、微生物、粉尘及饲养环境中的二氧化碳、氨气含量等环境因素，通风是控制鸡舍内环境的最重要措施（图6-41）。

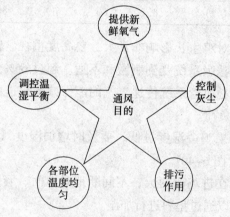

图 6-41 通风的五个目的

（1）自然通风与机械通风 通风方式有自然通风和机械通风两种，进风口和出风口设计要合理，防止出现死角和贼风等恶劣的小气候。自然通风依靠自然风（风压作用）和舍内外温差（热压作用）形成的空气自然流动，使鸡舍内外空气得以交换（图6-42）。依靠自然通风的鸡舍宽度不可太大，以 6～7.5 米为宜，最大不应超过 9 米。机械通风即依靠机械动力强制进行鸡舍内外空气的交换，主要分为正压通风与负压通风。

（2）正压通风与负压通风 形成方式见图6-43。风机向舍内吹风的，称为正压通风；风机向外排风的，称为负压通风。正压通风是通过风机把外界新鲜空气强制送入鸡舍内，使舍内压力高于外界气压，这样将舍内的污浊的空气排出舍外。负压通风是利用通风机将鸡舍内的污浊空气强行排出舍外，使鸡舍内的压力略低于大气压成负压环境，舍外空气则自行通过进风口流入鸡舍。这种通风方式投资小，管理比较简单，进入舍内的风流速度较慢，鸡体感觉比较舒适。

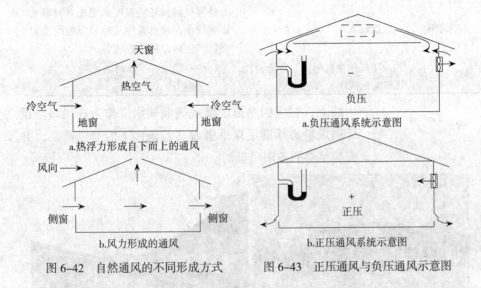

a.热浮力形成自下而上的通风

b.风力形成的通风

图6-42 自然通风的不同形成方式

a.负压通风系统示意图

b.正压通风系统示意图

图6-43 正压通风与负压通风示意图

（3）横向通风与纵向通风 非封闭式鸡舍采用自然通风时一般选择横向通风；采用机械负压通风时，横向通风与纵向通风相比具有很大的缺点（表6-7）。纵向通风排风机全部集中在鸡舍污道端的山墙上或山墙附近的两侧墙上。进风口则开在净道端的山墙上或山墙附近的两侧墙上，将其余的门和窗全部关闭，使进入鸡舍的空气均沿鸡舍纵轴流动，由风机将舍内污浊空气排出舍外。纵向通风设计的关键是使鸡舍内产生均匀的高气流速度，并使气流沿鸡舍纵轴流动。

①纵向通风（图6-44、图6-45） 标准化规模鸡场主要采用纵向负压通风方式，风机一般安装在污道的

表 6-7　横向通风与纵向通风的特点对比

项目	横向通风	纵向通风
通风效果	不均匀，死角多	均匀，无死角
影响疾病传播情况	相邻鸡舍对吹对吸，容易导致传染病扩散	风机均设在污道一端的山墙上，进气口都设在另一端的山墙上；减少了鸡舍间交叉污染和疾病传播的机会
应激影响	应激较大	外界气候和环境温度的变化对鸡群的影响较小，风机噪声及外界应激因素对鸡群产生的惊群系数减小
投资与电能	采用机械横向通风，电能消耗比纵向通风鸡舍多近 1 倍	每栋只需 3～4 台同功率风机，减少了进气阻力

山墙上，对应的净道山墙或侧墙端水帘作为进风口。设计通风量必须满足夏季极端高温条件下的通风需要，并安装足够的备用风机。

图 6-44　纵向通风净区端水帘

图 6-45　纵向通风污道端山墙风机

②横向通风　目前标准化鸡舍大都采用纵向通风，但当鸡舍过长或跨度很大时，为提高通风均匀度，常在侧墙上安装一定数量的风机，在纵向通风的同时，辅助以横向通风(图6-46)。

图6-46　辅助横向通风

（4）通风量的要求　通风量应按鸡舍夏季最大通风值设计，安装风机时最好大小结合，以适应不同季节的需要。排风量相等时，减少横断面空间，可提高舍内风速，因此三角屋架鸡舍，可每三间用挂帘将三角屋架隔开，以减少过流断面。长度过长的鸡舍，要考虑鸡舍内的通风均匀问题，可在鸡舍中间两侧墙上加开进风口。根据舍内的空气污染情况、舍外温度等决定开启风机多少。一般来说，密闭式鸡舍7～9米³/（小时·千克活重），（半）开放式鸡舍至少15米³/（小时·千克活重）。

例1：某农户在密闭式鸡舍饲养肉鸡1万只，平均体重2千克，想进行纵向通风并安装合适风机，则计算如下：

总通风量 = 鸡舍内鸡的总数×千克/只×9.0米³/（小时·千克）=10 000×2×9.0=180 000（米³/小时）；

风机台数 = 总通风量÷米³/小时（风机功率）= 180 000÷56 000=3.2台，可以安装风量为56 000米³/小时风机3台，13 000米³/小时风机1台。

如果该鸡舍宽 12 米，高 2.5 米，则计算如下：

风速 = 总通风量 ÷ 横截面积 =180 000 ÷（12×2.5）÷ 3 600=1.67（米 / 秒），能够满足夏天的通风要求（1.0~2.0 米 / 秒）。

（5）夏季利用水帘风机系统通风　水帘又称水幕、湿帘，由高分子水帘纸加工成为蜂窝状，将其安装在鸡舍的一端或者两侧的窗户位置。一般上边框里面有安装进水管，进水口在中间，水从进水口流入之后经过进水管均匀地向整个纸帘分散，安装前，用水泥将窗口及窗下墙壁抹面，窗外地面附近砌一水池，便于循环进水，另外，注意远离有臭味或异味气体的排气口处，如厕所、厨房、化学物体排风口等。在鸡舍的另一端安装风机纵向通风，当通风机启动时，鸡舍水帘一端的空气经过水帘冷却，进入鸡舍内为凉空气，通过此种通风方式降温。当风速超过 0.5 米 / 秒以上时，鸡体有效温度随风速的增加而急剧下降；因此，夏季风速以 1.0～2.0 米 / 秒为宜，但是舍内湿度达到 100%时，降温效果不明显。实际生产中，水帘与风机的安装位置可以因地制宜、灵活掌握（图 6-47）。

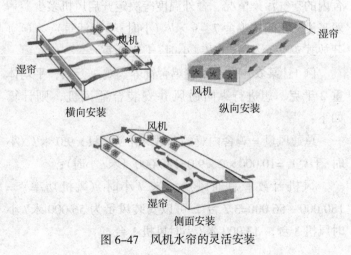

图 6-47　风机水帘的灵活安装

（6）冬季保温前提下的通风要求　冬季通风主要解决舍内空气质量、空气流动和舍内温度的问题，可以让外界冷空气通过屋顶或侧墙进风口进入后与屋顶热空气混合，然后再流向鸡群，输送新鲜氧气，排出舍内氨气、二氧化碳等废气。需注意通风的风速不要过大，不宜超过 0.3 米 / 秒。鸡舍结构要严密，以免舍内局部出现低温、贼风等。

（7）通风控制　为了实现鸡舍环境精准控制，标准化、现代化的肉鸡舍应该安装舍内环境参数自动测定和控制设备。根据测定结果自动调节进风口的开关大小（图 6-48），达到调节舍内环境条件的目的。

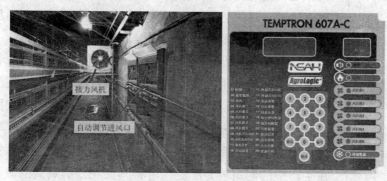

图 6-48　通风口大小自动调节

对于跨度较大的鸡舍，横向辅助风机已不能满足实际需要，在纵向负压通风的同时，在两侧墙上设计进风口，对应进风口间用塑料管连接，在塑料管上设计进风口，可有效地解决大跨度鸡舍的通风均匀度问题（图6-49）。

▶ 空气净化

鸡舍空气的净化分为粉尘净化和有害气体净化，影响鸡群的有害气体主要涉及氨气、硫化氢、一氧化碳等，最大允许浓度分别为 25 毫克 / 米^3、6.6 毫克 / 米^3、0.8 毫克 / 米^3。

图6-49 特殊设计提高通风均匀度

（1）加大通风换气量 当鸡舍空间较小、饲养密度过大、通风换气不良时，有害气体会不断地在鸡舍内聚集，最终达到对鸡的健康和生产性能造成危害的浓度，而加大鸡舍内的通风换气量可以有效解决这一问题。

（2）采用物理吸附法 鸡舍内的氨气、硫化氢等有害气体可以直接利用沸石、活性炭、生石灰、木炭、煤渣等表面积大、吸附作用强的物质进行净化，它们不仅能够降低鸡舍内有害气体的浓度，而且还可以吸收空气与鸡粪中的水分，有利于调节鸡舍内的湿度。其中沸石粉在生产中的利用较为广泛，可将其撒在新鲜鸡粪的表面或鸡舍地面上，用量为粪便总量的2%～5%；煤渣常用作鸡舍垫料，按0.5千克/米²的用量在其中混入硫黄效果会更好。常用吸附原料见图6-50。

▶ 光照管理

光照程序是肉鸡管理的关键环节，是取得最佳生产成绩的主要因素之一。光照程序需要根据现代肉鸡快速生长发育的特点和生理变化来设计。

一般鸡舍内适宜的光照强度为5～10勒克斯。舍内安装电灯总的要求是瓦数小、灯多、灯距短，以达到光线均匀。照射水料槽，应将灯设置在两列笼间的走道上，灯距3米。如安装两排以上的灯，各排灯要交叉排列，

沸石粉 木炭

生石灰 活性炭

图 6-50 物理吸附鸡舍废气的几种原料

可使地面获得比较均匀的光线。灯高 2～2.4 米为宜，灯用白炽灯较好，灯头上要设置灯罩，使聚集的光线朝下，尽可能不让光线直接照射到上层鸡笼。1 米² 面积配 2.7 瓦，可提供大约 10 勒克斯的光照。多层笼养肉鸡舍，为顾及下层鸡笼的照度，每平方米应达到 3.5 瓦。

在多层笼养鸡舍，灯的安装位置最好应在鸡笼的上方或两排鸡笼的中间，但灯离鸡的距离应能保证顶层的或中间一层的光照强度为 10 勒克斯，那么，底层的就能达到 5 勒克斯，各层都能得到适宜的光照度。为了省电，保持适宜的光照强度，灯泡、灯管、灯罩要保持清洁。灯具功率的选择：最好不使用大于 60 瓦的灯泡，大灯泡往往照度不均匀，不如多挂几个功率较小的灯泡。

提高灯具的利用率：使用伞灯并注意灯泡清洁。据测定，有伞灯比无伞灯的光照强度增加 50%，清洁灯泡比脏灯泡的光照强度高 1/3。

七、鸡场生物安全体系

目标
- 了解生物安全的重要性
- 熟悉生物安全措施的主要内容
- 掌握生物安全措施的实施方法

　　肉鸡传染病发生时，随着时间的推移和空间的延伸，病毒、细菌等致病微生物或寄生虫的数量会迅速增长直至产生整体势力，暴发难以控制的疫情。因此，生物安全体系就是根据传染病流行途径而采取的措施：消灭传染源，切断传播途径，保护易感动物。具体包括消毒、隔离、免疫接种、驱虫灭害等。

1. 消毒

　　消毒是指利用物理、化学和生物学的方法清除或杀灭外环境（各种物体、场所、饲料、饮水及畜禽体表皮肤）中的病原微生物及其他有害微生物。消毒是肉鸡场控制疾病的重要措施，一方面可以减少病原进入鸡舍，另一方面可以杀灭已进入鸡舍的病原。消毒一般包括物理消毒法、化学消毒法及生物消毒法。

▶ 物理消毒法

　　物理消毒法是指应用物理因素杀灭或清除病原微生物及其他有害生物的方法，包括以下几种：

　　（1）清除消毒　通过清扫、冲洗、洗擦和通风换气

图 7-1　清除粪便后的鸡舍

①芽孢：有些细菌（多为杆菌）在一定条件下，细胞质高度浓缩脱水所形成的一种抗逆性很强的球形或椭圆形的休眠体。1 个细菌细胞只形成 1 个芽孢，有的在细胞一端，有的在细胞中部。由于芽孢是在细胞内形成的，所以也常称之为内生孢子，亦称芽孢。

等手段达到消除病原体的目的，是最常用的消毒方法之一（图 7-1）。具体步骤为：

彻底清扫→冲洗（高压水枪）→喷洒 2%~4%氢氧化钠溶液→（2 小时后）高压水枪冲洗→干燥→（密闭门窗）福尔马林熏蒸 24 小时→备用（有疫情时重复 2 次）。

（2）紫外线消毒　紫外线可以改变细菌及其代谢产物的某些分子基因，使其酶、毒素等灭活；它又能使细胞变性，引起酶体蛋白质和酶代谢障碍而导致微生物变异或死亡。其波长以 250~270 纳米杀菌力最强；通常每 6~15 米² 空气 1 支 15 瓦紫外灯，如按地面面积则每 9 米² 需 1 支 30 瓦紫外灯；在灯管上部安设反光罩，离地面 2.5 米左右。灯管距离污染表面不宜超过 1 米，每次照射 30 分钟左右。

（3）高温消毒和灭菌　高温对微生物有明显的致死作用。高温可以灭活包括细菌繁殖体、真菌、病毒和抵抗力最强的细菌芽孢①在内的一切微生物。高温消毒和灭菌主要分为干热消毒灭菌和湿热消毒灭菌，其中干热消毒灭菌以火焰消毒最为常用，湿热消毒灭菌主要常用煮沸消毒法和高压蒸汽灭菌法。

①火焰消毒：灭菌效力强。火焰消毒是典型的干热消毒灭菌法，以煤油或柴油为燃料，用火焰喷射笼具等消毒。如新城疫副黏病毒在 70℃的高温下 2 分钟可以被杀死（图 7-2）。火焰消毒器的温度能达到 300℃，对鸡舍的墙壁、地面进行细致的火焰消毒

图 7-2　火焰消毒

能迅速杀死物体浅表及缝隙内的病原微生物。但在进行火焰消毒时要注意自我保护和防火。

②煮沸消毒：利用沸水的高温作用杀灭病原体。常用于针头、金属器械、工作服等物品的消毒。煮沸15~20分钟可以杀死所有细菌的繁殖体。应用此法消毒时，一定注意是从水沸腾算起，煮沸20分钟左右。

③高压蒸汽灭菌：高压蒸汽灭菌是通过加热来增加蒸汽压力，提高水蒸气温度，达到短时间灭菌的效果。高压蒸汽灭菌具有灭菌速度快，效果可靠的特点，常用于玻璃器皿、纱布、金属器械、培养基①、生理盐水等消毒灭菌（图7-3）。

①培养基：是供微生物、动物组织生长和维持用的人工配制的养料，一般都含有碳水化合物、含氮物质、无机盐（包括微量元素）以及维生素和水等。

图7-3　高压蒸汽灭菌锅（左）及煮沸消毒（右）

化学消毒法

化学消毒方法是利用化学药物（或消毒剂）杀灭或清除微生物的一种方法。因为微生物的种类不同，又受到外界环境的影响，所以各种化学药物（消毒剂）对微生物的影响也是不同的。根据不同的消毒对象，可以选用不同的化学药物（消毒剂）进行。

（1）化学消毒的方法　化学消毒方法主要有浸泡法、喷洒法、熏蒸法和气雾法等。

①浸泡法：将一些小型设备和用具放在消毒池内，用药物浸泡消毒，如蛋盘、饮水盘、试验器材等的消毒。

②喷洒法：主要适用于地面的喷洒消毒、进鸡前对鸡舍周围5米以内的地面用氢氧化钠或0.2%~0.3%过氧乙酸消毒。水泥地面一般常用消毒药品喷洒。如果有芽孢污染的话，用10%氢氧化钠喷洒。含炭疽等芽孢杆菌的粪便、垃圾的地面，铲除的表土按1：1的比例与漂白粉混合后深埋，地面再撒上5千克/米²漂白粉。大面积污染的土壤和运动场地面，可翻地，在翻地的同时撒上漂白粉，用量为0.5~5千克/米²混合后，加水湿润压平。

③熏蒸法：将消毒药经过物理或化学处理后，使其产生杀菌性气体，用它来消灭一些死角中的病原体。适用于密闭的鸡舍和其他建筑物。这种方法简单易行，对房屋结构无损，消毒全面，经常用于进鸡前的熏蒸消毒。常用的药物为福尔马林、过氧乙酸水溶液等。例如，按照每立方米福尔马林30毫升、高锰酸钾15克配比进行消毒，消毒完毕后封闭鸡舍2天以上。

④气雾法：气雾是消毒液倒进气雾发生器后喷射出的雾状颗粒，是消灭空气中病原微生物的有效方法。鸡舍经常用的主要是带鸡喷雾消毒（图7-4），配制好0.3%过氧乙酸或0.1%次氯酸钠溶液，用压缩空气雾化喷到鸡体上。此种方式能及时有效地净化空气，创造良好的鸡舍环境，抑制氨气产生，有效地杀灭鸡舍内环境中的病原微生物，消除疾病隐患，达到预防疾病的目的。

图7-4 带鸡喷雾消毒

（2）化学消毒剂种类用于杀灭或清除外环境中病原

微生物或其他有害微生物的化学药物，称为消毒剂，常用的化学消毒剂有以下几种。

①含氯消毒剂：含氯消毒剂是指在水中能产生杀菌作用的活性次氯酸的一类消毒剂，包括有机含氯消毒剂和无机含氯消毒剂（表7-1）。其消毒作用与有效氯的含量有关，但有效氯易散失，所以应该妥善保存。一般用于鸡舍、地面、水沟、粪便、下水道等处的消毒。对金属、衣物、纺织品有破坏力，使用时应该注意。

表7-1　无机氯和有机氯比较

项　目	无　机　氯	有　机　氯
品　种	漂白粉、漂白精、三合二、次氯酸钠、二氧化氯等	二氯异氰脲酸钠、三氯异氰脲酸、二氯海因、溴氯海因、氯胺T、氯胺B、氯胺C等
主要成分	次氯酸盐为主	氯胺类为主
杀菌作用	杀菌作用较快	杀菌作用较慢
稳定性	性质不稳定	性质稳定

②碘类消毒剂：包括碘伏、碘酊、碘甘油、碘仿等。目前，市场上的碘类消毒剂主要就是碘伏。碘伏能杀灭大肠杆菌、金黄色葡萄球菌、鼠伤寒沙门氏菌等百余种细菌繁殖体、真菌、结核分枝杆菌及各种病毒。液体碘伏种类更多，而且使用方便，经常以2%~2.5%的浓度用于皮肤消毒。

③醛类消毒剂：熏蒸消毒经常用到的一种消毒剂，本消毒剂消毒范围广，可杀死细菌、芽孢、真菌和病毒；性质稳定，容易储存。可用于肉鸡房舍、仓库及饲养用具、种蛋、孵化机污染表面的消毒。常用的福尔马林为含有36%~40%甲醛水溶液。

④强碱类消毒剂：包括氢氧化钠、氢氧化钾、生石灰等碱类物质。氢氧化钠对细菌繁殖体、芽孢和病毒有很强的杀灭作用，对寄生虫卵也有杀灭作用，浓度增

①炭疽：是由炭疽杆菌引起的传染性疾病。该病是牛、马、羊等动物传染病，但偶尔也可传染给从事皮革、畜牧工作的人员。

大，作用增强。2%~4%氢氧化钠溶液可杀灭病毒和繁殖型细菌，可用于喷洒或洗刷消毒鸡舍、仓库、墙壁、工作间、入口处、运输车间等；5%用于炭疽①消毒；30%溶液10分钟内可杀灭芽孢。

生石灰为白色或灰白色块状或粉末、无臭，易溶于水，加水后生成氢氧化钙。对一般病原体有效，但对芽孢无效。10%~20%的浓度可用于墙壁、地面、粪池及污水沟等的消毒。生石灰可从空气中吸收二氧化碳生成碳酸钙沉淀而失效，因此，石灰乳须现配现用，不宜久置。

图7-5　高压清洗机

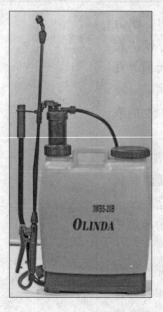

图7-6　喷雾器

▶ 生物消毒法

生物消毒法是利用一些微生物在生长过程中形成的环境条件(如高热或酸性等)来杀死或消灭病原体的一种方法，如粪便堆积发酵。关于粪便的堆肥发酵在第九章中介绍。

▶ 常用的消毒设备

（1）高压清洗机　是用于清扫冲洗肉鸡场的主要消毒设备，主要用途是冲洗鸡场场地、鸡舍建筑、鸡场设备、车辆等（图7-5）。

（2）火焰灭菌设备　包括火焰喷灯和喷雾火焰兼用型。火焰喷灯直接用火焰灼烧，可以立即杀死存在于消毒对象的全部病原微生物。因为喷灯的火焰具有极高的温度，所以在实践中经常用于各种病原体污染的金属制品，如笼具的消毒。

（3）喷雾器　喷雾器主要用于场地消毒和畜禽消毒。该设备主要特点是用少量的药液即可进行大面积消毒，且喷雾迅速（图7-6）。

（4）臭氧空气消毒机器 臭氧（O₃）是一种具有特殊气味的无色气体，具有很高的氧化电位（2.076伏）。臭氧溶解在水里，自行分解成羟基自由基，间接地氧化有害微生物，从而达到杀菌消毒的效果。主要用于肉鸡场的兽医室、大门口消毒室的环境空气的消毒，生产车间的空气消毒（图7-7）。

图7-7 臭氧消毒机

肉鸡场的消毒管理

消毒是肉鸡场的一项日常工作，上面介绍了常用的消毒方法、消毒剂和消毒设施。这些都是肉鸡场经常用到的方法设备。下面从肉鸡场的管理方面介绍一下对人员和车辆消毒管理。

（1）出入人员消毒 衣服、鞋子都可能是细菌和病毒传播的媒介，在养殖场的入口处，设置专职人员消毒、紫外线杀菌灯、脚踏消毒槽（池）（图7-8），对进出的人员实施照射消毒和脚踏消毒。人员进入生产区或生产车间前必须淋浴消毒（图7-9），换上生产区清洁服装后才能进入，进鸡舍之前再次换鞋。

（2）进出车辆消毒 运输饲料等车辆是肉鸡场经常

图7-8 鸡场入口的紫外灯（左）和脚踏消毒池（右）

图 7-9　脱衣换鞋工作间（左）、员工淋浴间（右）

出入的运输工具，这类物品由于面积大，所携带的病原微生物也多，因此对车辆更有必要进行全面的消毒。为此，肉鸡场门口要设置消毒池（图 7-10），消毒池要有足够的深度和宽度，至少能够浸没半个车轮，并且能在消毒池内转过 2 圈。消毒池里面的消毒药要定期更换。

图 7-10　鸡场门口消毒池

（3）鸡舍内的消毒

①饮水消毒：饮水中经常含有大量的细菌和病毒，所以在鸡只饮用前要对饮用水进行净化、消毒处理。经常的做法是安装净化装置（图 7-11），这样可以起到对鸡只饮用水的净化。

②粪便的消毒：鸡舍内的粪便要及时清理消毒，因

图 7-11　鸡舍内的净化装置

为粪便中含有较多的病原微生物，从而造成环境的污染。生产中经常用到的有掩埋和堆肥发酵，关于粪便的无害化处理在第九章详细介绍。

➤ 发生传染病后的消毒

发生传染病后，养殖场病原微生物大幅增加，疾病传播速度更加迅速，为了有效地控制传染病，需要及时消毒（表 7-2）。

表 7-2　发生疫情时启动的消毒程序

消毒地点	消毒剂及用量	消毒方式	消毒频率
养殖场道路、鸡舍周围	5％氢氧化钠或10％石灰乳	喷洒	每天1次
鸡舍地面	15％漂白粉	喷洒	每天1次
鸡舍用具	5％氢氧化钠	喷洒	疫情期间全面消毒1次
出入人员	紫外线消毒	照射	出入时3～5分钟

其他程序：结合带鸡消毒，每天一次；粪便及时清除并进行消毒处理；疫情结束后，进行全面消毒1～2次

2. 隔离

隔离就是将可引起传染性疾病、寄生虫病的病原微生物排除在外的安全措施。严格的隔离是切断传播途径的关键与步骤，也是预防和控制疾病的保证。隔离主要

分为三个方面：科学选择场址、合理规划布局、健全配套隔离消毒设施。前二者已经在第六章中详细介绍，本节重点介绍配套隔离消毒设施。

隔离消毒设施包括防疫沟（隔离墙）、消毒池（图7-12）等。场区外需要有消毒沟，鸡场门口要有消毒池、消毒室，供人员进出、设备和用具的消毒。生产区中每栋鸡舍门口要有消毒盆。鸡舍内配备齐全的消毒设备。

图7-12　鸡场外有防疫沟（左），门口设立消毒池（右）

3.免疫接种

肉鸡免疫接种是用人工方法将免疫原[①]或免疫效应物质输入到肉鸡体内，从而使肉鸡机体产生特异性抗体[②]，使对某一病原微生物易感的肉鸡变为对该病原微生物具有抵抗力，避免疫病的发生和流行。免疫接种是预防和控制肉鸡传染病的一项极其重要的措施。

▶ **疫苗的概念**

疫苗是将病原微生物（如细菌、立克次氏体、病毒等）及其代谢产物，经过人工减毒、灭活或利用基因工程等方法制成的、用于预防传染病的免疫制剂。疫苗保

①免疫原：指刺激机体的免疫活性细胞产生免疫应答的能力。

②抗体：机体在抗原刺激下，由B细胞分化成的浆细胞所产生的、可与相应抗原发生特异性结合反应的免疫球蛋白。

留了病原菌刺激动物体免疫系统的特性。当动物体接触到这种不具伤害力的病原菌后，免疫系统便会产生一定的保护物质，如免疫激素、活性生理物质、特殊抗体等；当动物再次接触到这种病原菌时，动物体的免疫系统便会依循其原有的记忆，制造更多的保护物质来阻止病原菌的伤害。

疫苗的种类

(1) 传统疫苗　传统疫苗是指用整个病原体例如病毒、衣原体等接种动物、鸡胚或组织培养生长后，收获处理而制备的生物制品；由细菌培养物制成的称为菌苗。传统疫苗在防治肉鸡传染病中起到重要的作用。传统疫苗主要包括灭活疫苗、弱毒疫苗、单价疫苗、多价疫苗等，如生产上常用的新城疫Ⅱ系、Ⅲ系、Ⅳ系疫苗。根据肉鸡场的实际情况选择使用不同的疫苗。

(2) 亚单位疫苗　亚单位疫苗是指提取病原体的免疫原部分制成的疫苗，因而也只能是一种灭活苗。这类疫苗不是完整的病原体，是病原体的一部分物质，故称亚单位疫苗。

(3) 基因工程疫苗　基因工程疫苗是指使用DNA重组生物技术，把天然的或人工合成的遗传物质定向插入细菌、酵母菌或哺乳动物细胞中，使之充分表达，经纯化后而制得的疫苗。基因工程疫苗则属于新一代疫苗或高技术疫苗范畴。由中国农业科学院哈尔滨兽医研究所的农业部动物流感重点开放实验室研制成功的新型高效、重组禽流感病毒灭活疫苗（H5N1亚型)和禽流感重组鸡痘病毒载体活疫苗就属于这一类。

疫苗的选择与保存

疫苗的种类很多，其适用范围和优缺点各异，不可乱用和滥用。对于已有该病流行或威胁的地区，应根据疾病流行情况的严重程度，选择不同类型的疫苗。疾病较轻的，可选择比较温和的疫苗；疾病严重流行的地区，则可以选择效力较强的疫苗类型。另外，选择疫苗时，还应该考虑肉鸡接种该疫苗后会不会有不良反应，比如会造成肉种鸡产蛋期产蛋量下降。当鸡群处于疾病状态时，还应该考虑提前用抗应激的药物，使鸡群受到的应激最小。

疫苗质量的好坏可用很多指标去衡量，例如安全性、保护率、稳定性等。影响疫苗的质量主要包括以下几个部分：

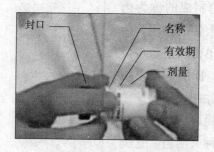

图 7-13　仔细观察疫苗

（1）疫苗检查　拿到疫苗后首先观察疫苗封口有无破损、是否已过保质期、疫苗的名称以及疫苗的保存方法（图 7-13）。同时注意检查疫苗外观质量，接种前应仔细检查疫苗，凡是发现疫苗瓶破损、瓶盖或瓶塞有松动、无标签、超过保质期、色泽改变、出现沉淀等一律不得使用。

（2）疫苗保存　根据不同类型的疫苗选择不同的保存设备，如冷藏箱、冰箱、液氮罐（图 7-14）等，按要求将疫苗保存在适宜的温度条件下。

常用的鸡新城疫Ⅰ系疫苗、鸡新城疫Ⅱ系弱毒疫苗、鸡新城疫Ⅲ系疫苗等，这些疫苗都是活的弱毒疫苗，一定要低温保存，避免高温和阳光照射。

常用的菌苗有禽霍乱氢氧化铝菌苗、传染性鼻炎苗、大肠杆菌苗等。它们最适宜的保存温度为 2~14℃。因此，运输和保存不同的鸡疫苗的温度应有区别，应根据疫苗对温度的具体要求进行存放。另外，有些疫苗保存要求条件比较苛刻，如马立克氏病疫苗要求保存在液氮中才行。

（3）疫苗的运输　根据气温情况和运输疫苗的数量

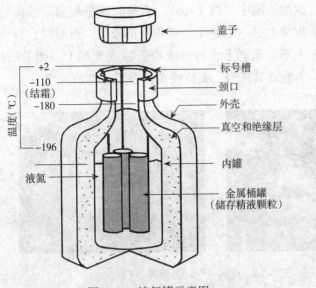

图 7-14 液氮罐示意图

准备运输工具，如保温瓶（图 7-15）、保温箱、冷藏车等。运输时间越长，疫苗的病菌（或细菌）死亡越多。运输过程如中途转运多次，则影响更大。

（4）疫苗使用的时效性 疫苗要在规定的时间内用完。使用饮水法免疫时，要确保肉鸡在 1 小时之内将疫苗稀释液饮完。使用注射法

图 7-15 保温瓶

免疫时，在温度为 15~25℃时，必须 6 小时之内用完；25℃以上时，必须 4 小时之内用完。灭活苗开封 24 小时后禁止使用。

> **免疫方法**

（1）滴鼻点眼法 按照比例将疫苗用一定量的生理盐水稀释，摇匀后用滴管（眼药水瓶也可）在鸡的眼、鼻孔各滴一滴（约 0.05 毫升），让疫苗液体进入鸡气管

或渗入眼中（图 7-16）。滴鼻时注意用固定雏鸡的手食指堵上另一侧鼻孔，以利疫苗吸入。点眼时，握住鸡的头部，面朝上，将一滴疫苗滴入面朝上一侧的眼皮内，不能让其流泪，要待疫苗扩散后才能放开鸡只。

图 7-16　点眼（左）与滴鼻（右）

（2）肌内注射法　按照疫苗规定用量，用连续注射器在鸡腿、胸或翅膀部位进行肌内注射（图 7-17）。注射器、针头应洗净煮沸 10~15 分钟备用，注射器刻度清晰，不滑杆、不漏液，针头最好每羽换一个。给家禽注射过疫苗的针头，不得再插入疫苗瓶内抽吸疫苗，可用一个灭菌针头，插入瓶塞后固定在疫苗瓶上专供吸疫苗用，每次吸疫苗后针孔用挤干的酒精棉花包裹。接种部位以 3%碘酊消毒为宜，以免影响疫苗活性。根据肉鸡的大小选择针头型号与注射部位，注射部位要避开大血管、神经，选择肌肉发达处，应斜向前入针，进针方向要与肌肉呈 15°～30°角；注射时进针要稳，拔针不宜太快，保证足量的疫苗注射到动物体内；注射顺序是健康鸡群先注射，弱鸡最后注射。

（3）皮下注射法　适合鸡马立克氏病疫苗接种。将疫苗稀释于专用稀释液中，注射时，在鸡颈部后段(靠翅膀)捏起皮肤，刺入皮下注射（图 7-18）。

图 7-17 肌内注射

图 7-18 皮下注射

（4）翅膀内刺种法 经常用于鸡痘接种，将 1 000 只剂量的疫苗，用 25 毫升生理盐水稀释，充分摇匀，用接种针蘸取疫苗，刺种于鸡翅内侧三角翅膜区，注意避开血管。雏鸡刺一针，成年鸡刺两针（图 7-19）。

图 7-19 翅膀内刺种

（5）饮水接种法 饮水免疫就是将疫苗按要求稀释后，加入到适量的饮水中，通过鸡的饮水而使疫苗进入机体的一种免疫方法，如新城疫弱毒疫苗的免疫等。此方法虽对疫苗浪费较大，但节省人力，对鸡惊扰小。饮水免疫应注意以下几点。

①稀释方法：一般用凉开水、蒸馏水或生理盐水进行稀释，准确计算所用溶剂的质量或体积，先用少量溶剂低倍稀释，待溶解后再用溶剂稀释到要求的浓度。

②提前断水：为了让鸡在较短时间内饮完疫苗，在饮水免疫前要对鸡进行断水，断水时间一般为 2 小时左右。

③饮水要求：饮水免疫时水槽不宜过多，也不宜过少，应以每只鸡都可同时饮到水为宜，一般以半小时以内饮完，最长不要超过一个小时。水槽应洁净，不含任何消毒剂，水的深度以淹没鸡鼻孔为宜。

④免疫时机：因为此法很难保证免疫的整齐度，所以饮水免疫一般在二免或以后进行；不要随意混合疫苗或在一天内进行两种疫苗的饮水免疫，免疫间隔时间最短为2~3天。

滴肛或擦肛：将1 000头份的疫苗稀释于30毫升的生理盐水中，然后把鸡的肛门朝上，将肛门黏膜翻出，滴上疫苗1滴或用接种刷（棉拭子）蘸取疫苗刷3~5下。

▶ 参考免疫程序

肉鸡生长周期相对较短、饲养密度大，一旦发病很难控制，即使治愈，损失也比较大，且影响产品质量。因此，制订科学的免疫程序，是搞好疾病防疫的一个非常重要的环节。制订免疫程序应该根据本地区、本鸡场、该季节疾病的流行情况和鸡群状况、疫苗特性，每个肉鸡场都要制定适合本场的免疫程序。免疫程序可参考表7-3。

▶ 紧急接种

当确信已经发生疫病时，为了控制和扑灭病原防止其传播，首先根据外在表现采取相应药物治疗（附录三、

表7-3　肉（种）鸡常用免疫程序（仅供参考）

时间（日龄）	免疫项目	疫苗种类	用　法	备　注
1	马立克氏病	进口液氮苗	皮下注射	
7~8	新城疫＋传染性支气管炎	二联灭活苗	颈部皮下注射	
		二联冻干苗	点眼、滴鼻	
13~14	传染性法氏囊病	冻干苗	滴口	
20~21	传染性法氏囊病	冻干苗	饮水	
27~28	新城疫＋传染性支气管炎 H5＋H9	二联冻干苗 灭活苗	点眼、滴鼻 颈部皮下注射	
35~40	鸡痘	鸡痘冻干苗	皮下刺种	优质肉鸡主疫区使用
55~56	H5＋H9	灭活苗	肌内注射	优质肉鸡
63~65	新城疫＋传染性支气管炎	冻干苗	饮水	优质肉鸡

（续）

时间 （日龄）	免疫项目	疫苗种类	用　法	备　注
110～120	新城疫＋传染性支气管 炎＋减蛋综合征	灭活苗	肌内注射	肉种鸡
130	H5＋179	灭活苗	肌内注射	肉种鸡

注：以后每2个月左右饮一次新城疫，免疫一次禽流感。及时检测抗体，尽量避免产蛋期不必要的免疫。

附录四）；同时，紧急接种也可有效防治疫病的蔓延。对受威胁但没有感染的鸡群，可正常免疫；但对于已经发病的鸡群应在兽医指导下按照治疗剂量免疫。必须提醒的是，紧急接种也是对鸡群的一种应激，可能会使鸡群发病数和死亡增加，但是有助于疫情的迅速控制，使大批鸡群受到保护。

4. 驱虫与灭害

大生物害虫就是肉眼可见的、能对肉鸡安全生产造成隐患的生物。肉鸡养殖场内不要饲养宠物，比如鸟、犬、猫等，并且要远离周围散养的或野生的动物，最好用墙壁、栅栏、塑料网等进行隔离。

▶ 杀虫

在肉鸡场中，害虫的大量存在带来较大的危害。害虫可以直接传播疾病、污染环境。某些节肢动物，如鸡刺皮螨、鸡虱等，均是禽类常见的外寄生虫，既直接危害肉鸡，又可传播疫病；而另一些，如蚊、蝇常在疫病传播中起重要的媒介作用。

保持环境清洁、干燥是减少或杀灭蚊、蝇等昆虫的基本措施。具体的杀虫方法有多种，如物理性、化学性和生物学的等。物理方法主要是利用机械以及光、声、电等物理方法，捕杀、诱杀或驱逐蝇蚊。化学杀灭是使用天然或合成的毒物，以不同的剂型，通过不同途径，毒杀或驱逐昆虫。化学杀虫法具有使用方便、见效快等优点，是当前杀灭蚊、蝇等害虫的较好方法。生物学杀虫是利用天敌杀灭害虫，如池塘养鱼即可达到鱼类治蚊的目的。

▶▶ 灭鼠

鼠的主要危害在于鼠是许多疾病的储存宿主，通过排泄物污染、机械携带及直接咬伤肉鸡的方式，可传播多种疾病。它们不但携带病菌，而且会到处打洞，可能还会咬坏电线、电缆等，偷吃饲料污染环境。要从肉鸡舍建筑和卫生措施方面着手，预防鼠类的滋生和活动，断绝鼠类生存所需的食物和藏身条件。

肉鸡场的内外地面最好用混凝土打造坚实，可有效防止鼠打洞。要注意观察鼠留下的痕迹和鼠的粪便，有80%的鼠是经过门进入房内的，要注意及时关好门。做好卫生工作，将物品摆放整齐，少往场内带杂物，尤其是舍外墙边不能堆放杂物。食品、水、蔬菜等都要放在安全位置，最好架空物体，这样容易观察，不给鼠留下容身之地。养禽场鼠害的控制应采取综合防治措施，如建筑物要有防护设施；发生鼠害时要采取有效的捕杀措施，包括应用器械、天敌、微生物、化学药品等的捕杀方法。

保持鸡舍四周清洁无杂物，定期喷洒杀虫剂消灭昆虫。在鼠洞和其出没的地方投放毒鼠药消灭鼠。定期清扫鸡粪，清出的鸡粪在发酵池内堆积发酵。

▶▶ 控制飞鸟

不少飞鸟对多种肉鸡传染病的病毒和细菌具有易感性，从而成为疾病的传染源；还有些飞鸟可以起机械传播病菌的作用；有些鸟类自身带有寄生虫。因此，对于飞鸟的控制是肉鸡场防止疫病的一项重要工作。

肉鸡场内最好不要栽种高大的树木，树木会招来鸟类的栖息，对其他的一些害虫也有庇护作用，可能会成为生物安全体系构建的威胁；对鸟类要做好防护措施，进出鸡舍时及时关门，进风口和水帘处用网子罩住，防止鸟类在里面做巢。鸟类进入鸡舍后可能会使鸡群受到惊吓而引起应激，应该尽快将其慢慢驱赶出舍。

5. 全进全出饲养制度

▶ 全进全出的概念

全进全出即指在一栋鸡舍内饲养同一批同一日龄的肉鸡，全部雏鸡都在同一条件下饲养，又在同一天出栏，出栏后进行鸡舍及其设备的全面消毒和空舍，切断疫病循环感染的途径。

▶ 全进全出的意义

（1）便于防疫，减少交叉感染　由于饲养的肉鸡日龄相同，免疫一致，出口入口相同，且有一定的空栏期，可避免病原从大鸡传给小鸡，上一批鸡传给下一批鸡，交叉感染的机会大大减少。一旦发生某种传染病，可利用空栏期进行净化，所需时间较短。

（2）便于规划鸡舍，降低投资成本　在不同区域内建造相对密集的鸡舍，会使饲养风险明显增大。如果将各鸡舍间距加大，投资成本又明显加大。因此，可以集中到一个区域，统一规划鸡舍，合理利用土地资源，降低投入成本。

（3）便于管理，提高效率　由于鸡群日龄相近，便于集中实施防疫计划、饲料运输、技术指导和销售，工作效率可大大提高。

▶ 全进全出应注意的问题

养殖小区内肉鸡品种的上市日龄最好相近，场区与场区间间距至少 500 米以上。一个养殖小区内若鸡舍太多，饲养量过大，会给生产的管理运作带来不便，一般一个小区一年上市不超过 20 万只鸡。

八、鸡场的经营管理

目标
- 了解肉鸡场市场信息的采集内容
- 了解肉鸡场主要规章制度
- 了解肉鸡场经济效益指标与核算方法
- 了解提高效益的措施

鸡场经营管理的主要目的是获得良好的经济效益。而获得经济利益需要了解市场，制定严格的各项规章制度，充分调动职工的生产积极性，在合理利用房舍、设备等条件下，最大限度地发挥各种鸡群的生产潜力，提高产品的产量和质量，降低生产成本，最终才能使企业获得利润。

1.肉鸡场市场信息的采集

肉鸡场是专门饲养肉用仔鸡的商品代鸡场，为社会提供肉用鸡。这类鸡场规模可大可小，国家、集体、个人均可经营，一般饲养至 49 日龄均可出售，体重可达 2 千克以上。为了使肉鸡场产品适销对路，适时出售，必须进行市场调查和市场预测。只有符合国家要求，顺应社会发展需要，鸡场才有发展前途，并从中获得利润，这也是鸡场经营决策的依据和经营成败的关键。

市端调查的内容：①鸡肉、雏鸡的供求关系；②市场销售渠道、销售方法和销售价格；③产品的竞争能力；④农贸市场肉鸡、种蛋、商品代雏鸡的成交情况；⑤养鸡设备供应情况等。

市场预测的内容：①本地区近阶段有何资源开发，新工矿区和新城镇建设及新交通干线的通行（航）所带来的人口增长对肉鸡、雏鸡需求量的变化；②近阶段国内有何新品种引进可能引起对原有品种产生冲击；③国际市场需求的变化可能造成的对肉鸡及其制品出口量增减的影响；④饲料价格变化对养鸡业发展的影响等。

2. 建立规章制度

肉鸡养殖场的管理制度一般包括鸡场管理制度、饲养管理规程和生物安全制度。采用制度上墙的方式（图8-1），严格执行，用制度来激励不同岗位的工作主动性和积极性。为了使规章制度切实得到执行，还可适当运用经济手段。

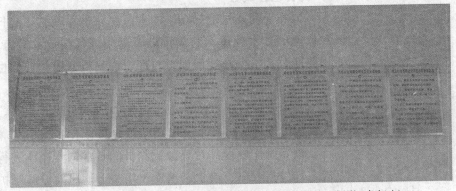

广西鸿光农牧有限公司木坪肉鸡场生产管理制度（摄影：何旭少）

图 8-1　各种规章制度

▶ 鸡场管理制度

主要包括以下几种制度。

鸡场管理制度：对于鸡场所有人员的工作要求和

规范。

技术员管理制度：对于生产和维修的技术员岗位职责的规定和考核办法。

财务管理制度：以《中华人民共和国会计法》为依据，对鸡场财务和会计的管理考核办法。

采购制度：对采购员的岗位职责和采购程序的具体规定和考核办法。

仓库管理制度：对仓库保管员的职责和出入库管理的具体规定及考核办法。

用药制度：对于专业人员兽药及添加剂使用的注意事项、规定，禁用国家违禁兽药及添加剂。

奖惩制度：对完成任务、成绩显著的班组或个人，对防止重大事故发生做出贡献者，向场部提出合理化建议者，生产科研上有创造发明并使全场取得经济效益者，均应给予精神和物质奖励，但对那些违反场规、不遵守纪律者要给予应有的处罚，甚至开除出场。

饲养管理规程

饲养管理规程是鸡场生产中按照科学原理制订的日常作业的技术规范。鸡场饲养管理中的各项技术措施，均要通过技术操作规程加以贯彻，而且技术操作规程也是检查生产的依据。

饲养管理规程（图 8-2）主要包括以下几种。

进出场程序：规定进出场的路线和要求。

饲养操作规程：对鸡舍饲养员的日常饲养操作进行规定，包括喂料、饮水、消毒、清粪、通风、设施维护等的具体规定。

光照程序：不同季节的光照时间和要求。

生物安全制度

根据本场的实际情况，制定并严格执行生物安全制度，是维持好的养鸡生产的重要保证。

图 8-2　饲养管理规程

主要包括：

消毒制度：对场区门口、鸡舍内/外环境消毒的要求。

防疫制度：对于病原阻断、鸡群免疫、疫苗和药物选择等方面的相关规定。

无害化处理制度：对病死鸡、鸡舍废弃物的无害化处理规定。

检疫申报制度：对疫病监测和上报的相关规定。

兽医室管理制度：对兽医岗位职责和病鸡解剖、检查及处理的相关规定。

生物安全制度见图 8-3。

图 8-3　生物安全制度

3.生产记录档案管理

　　生产记录主要包括：引种记录、生产报表、饲料使用、用药、诊疗、免疫、消毒、无害化处理、车辆进出消毒记录等，这些生产记录和鸡场的各项制度等均应该及时归档保存，存档时间至少两年。

　　养殖档案见图8-4。

　　不同生产记录见图8-5。

图8-4　养殖档案

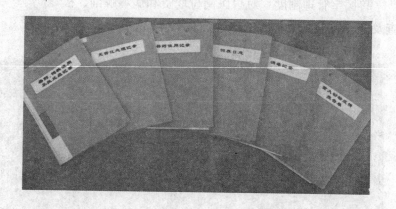

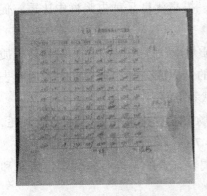

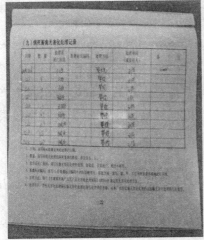

图 8-5　生产记录

4.鸡场经济效益指标及核算

▶ 经济效益指标

（1）产量　产量指标的完成情况很大程度上决定经济效益。产量可分为总产量和单产，单产指每只肉鸡平均上市重量。

（2）品种　优化品种结构是发展养鸡业的重要条件和物质基础。因此，要不断推广和引进产量高、质量好、抗病能力强的新品种，提高优良品种占鸡群中比重，促进品种结构的优化。

（3）质量　产品质量取决于产品内在质量和外观质量。前者表现在产品的化学成分和物理性能上，后者表现为外观、色泽、形状等方面。

（4）消耗　养鸡场中消耗指标主要是指饲料消耗，饲料费用占成本 60%~75%。常用料重比来衡量。

（5）资金　按其周转方式的不同可分为固定资金和流动资金两种。

1）衡量固定资金利用效果的指标

①固定资金产值率

固定资金产值率 = 全年总产值 / 年平均固定资产占用额 × 100%

固定资金产值率系指每占用百元固定资金能生产多少产值，固定资金产值率越高，则固定资金利用效果越好；反之，则差。

②固定资金利润率

固定资金利润率 = 全年总利润 / 年平均固定资金占用额 × 100%

固定资金利润率系指每占用百元固定资金能生产多少利润，固定资金利润率越高，则固定资金利用效果越好；反之，则差。

2）衡量流动资金利用效果的指标

①流动资金周转率

周转次数（次 / 年）= 商品年销售收入总额 / 流动资金年平均占用额

周转天数（天 / 次）= 360 / 周转次数

在年度内，周转次数越多，周转天数越短，则流动资金周转越快，流动资金运用效果越好；反之，则差。

②产值资金率

产值资金率 = 流动资金平均占用额 / 总产值 × 100%

产值资金率系指每百元产值占用流动资金额，产值资金率越低，则流动资金运用效果越好；反之，则差。

③资金利润率

资金利润率 = 总利润 / 流动资金平均占用额 × 100%

资金利润率指每百元流动资金创造利润额，资金利润率越高，则流动资金运用效果越好；反之，则差。

▶ 经济核算

（1）成本分析　按照《全国农产品成本收益资料汇编》中成本指标的概念界定，肉鸡的生产成本是指肉鸡生产过程中投入的资金（包括实物和现金）和劳动力成本，主要包括为养殖肉鸡而发生的除土地外各种资源的耗费，肉鸡生产成本项目一般包括直接费用、间接费用和人工费用。

①直接费用　即在肉鸡直接生产过程中所发生的、可以直接计入肉鸡中的物质费用。包括雏鸡进价、精饲料费、水费、燃料费、医疗防疫费、死亡损失费、技术服务费、工具材料费、修理维护费等和其他直接费用。

②间接费用　指肉鸡直接生产过程发生的、不便于直接计入或是需要进行分摊的肉鸡生产费用，包括税金、保险费、管理费、销售费、财务费以及固定资产折旧。

③人工成本　指肉鸡直接生产过程中所发生的、可以直接计入肉鸡中的劳动力成本，包括家庭用工作价和雇工费用。

（2）总成本构成　饲养的总成本是指生产经营过程中的全部支出，包括耗费的资金、劳动力和土地等所有资源的成本，它由生产成本和土地成本组成。

肉鸡生产成本的具体构成见图8-6。

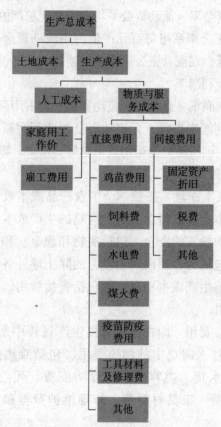

图 8-6　生产成本构成

　　考核成本指标一般指单位产品成本。单位产品成本是总成本和总产量之比，如每千克肉鸡成本。提高产量是增加生产，降低成本是厉行节约。因此，提高产量、降低成本是降低单位产品成本一个问题的两个方面。

　　（3）利润分析　利润指标系指销售利润，即税后利润。营业外收支系指与生产无关的收入或支出，如利息、罚款等。

　　销售利润＝销售收入－生产成本－销售费用－税收±营业外收支。

　　考核利润指标除上述资金利润率和固定资金利润率

以外，还有产值利润率、成本利润率、人均创利、销售利润率等，计算公式如下：

产值利润率＝年利润／年产值×100%

成本利润率＝销售利润／销售成本×100%

人均创利＝年利润／生产成本（或全员）

销售利润率＝销售利润／销售收入×100%

（4）量本利分析　量本利分析又称盈亏平衡点（保本点）分析，是根据业务量（产量、销售量）和成本、利润三者的关系进行综合分析，用以预测利润和经营决策的一种数学分析方法。盈亏平衡点（保本点）是指业务收入和业务成本相交的临界点。如业务量在临界点，则不盈不亏；如业务量在临界以上，则盈利；如业务量在临界点以下，就会亏损。

保本点的业务量和业务额，可用公式计算：

保本点的业务量＝固定成本／（单位产品售价－单位产品变动成本）

保本点的业务额＝固定成本／（1－变动成本／业务收入）

成本可以分为固定成本和变动成本。固定成本不随产量变化而变化，如固定工资、固定资产折旧费、共同生产费、企业管理费等。变动成本是随着产量变化而变化，如饲料费、燃料和动力费、肉鸡医药费等。

例如：某肉鸡场养鸡，计1200千克。每千克售价4元，销售收入为4800元，求保本点的业务量和业务额。在销售成本中，固定成本为1600元，变动成本为＝2880元÷1200（千克）＝2.4（元）

单位产品量＝1600／（4－2.4）＝1000（千克）

保本点额＝1600／（1－2880／4800）＝4000（元）

保本1000千克或者业务额达4000元是保本点，收入和销售成本相等，不盈不亏；如销售量低于

1 000千克或者业务额低于4 000元则亏损，销售量越低，亏损额越大；如果销售量高于1 000千克或者业务额高于4 000元，则盈余。销售量越高，盈余额越大。

5.提高鸡场经济效益的途径

(1) 挖掘鸡场生产潜力　充分挖掘鸡场的丰产潜力，增加生产，厉行节约，尽量减少饲料、能源等各种消耗，则可利用现有的鸡舍设备创造更多的产值。

要厉行节约，必须充分依靠和发挥鸡场全体工作人员的积极性和创造性，并采取行之有效的措施。

(2) 饲养优良的高产鸡群　饲养优良的高产品种，在同样的鸡群数量和饲养管理的条件下，就能使产品产量大幅度提高，从而使饲料开支减少，经济效益提高。

(3) 鸡场要有一定的规模　鸡场规模过小，实得利润一般少于应得的利润，也不能创造高额的利润，特别是在产品价格较低的情况下，所得的利润更少。据对养鸡场的经济调查表明，利润的增加与鸡场规模成正比。因为规模较大的鸡场，即使在产品价格较低时，也可获得可观的利润，即所谓的规模效益。

(4) 安排好鸡群周转，充分利用鸡舍面积或笼位　鸡群进场、出场应有周密的计划，及时周转鸡群，不使鸡舍空着。因为鸡舍饲养量不足，也要支付折旧等费用，无形中增加了成本。

(5) 防止饲料浪费　饲料费是鸡场费用中主要的开支，如浪费2%的饲料，会使费用增加，应采取各种有效措施，尽量杜绝饲料的浪费现象。

(6) 防止能源浪费　鸡场的水、点、煤等费用占总支出中相当多的费用，这方面往往被忽视且数额相当大，要想方设法节约能源，以减少不必要的开支。

九、鸡场废弃物的无害化处理与资源化利用

目标
- 了解鸡粪无害化处理和资源化利用的方法、步骤及原理
- 了解污水无害化处理的标准、方法、步骤及原理
- 了解死鸡无害化处理方法、步骤及原理
- 了解孵化场废弃物无害化处理的意义及办法

畜牧业生产是社会的一个组成部分。然而，在生产中，如果养殖场设置、规划不合理，或者在生产过程中的废弃物未经合理地处理，都会造成环境污染。肉鸡场废弃物主要指肉鸡的粪尿、垫料、污水、尸体、有害气体及其不良气味等，其中以粪尿及污水危害最为严重和直接。据测定，肉鸡粪中一般含氮 2.38%、磷 2.65%、钾 1.76%。如果养鸡场的废弃物处置不当，鸡粪中未消化的有机物可分解产生氨、乙烯醇、硫化氢、甲烷、二甲胺等恶臭气体，危害饲养人员和周围居民的身体健康；鸡粪中的氮、磷、重金属元素以及残留药物等进入水体、土壤，会造成饮用水和农田污染；鸡粪中还含有多种多样的病原微生物，其中有许多是人畜、畜禽共患传染病的致病微生物，易造成疫病的暴发与流行。

因此，如何合理处置养殖废弃物，消减畜禽养殖废

弃物的环境负荷和潜在的病原微生物风险，推动畜禽养殖废弃物资源化利用、破解畜禽养殖废弃物环境污染治理难题，成为难点。2017年7月《国务院办公厅关于加快推进畜禽养殖废弃物资源化利用的意见》出台，明确提出创新种养循环机制，加大财税政策支持力推肥料化和能源化利用。养殖场废弃物生产有机肥，在提升土壤有机质含量、保障农田可持续生产能力的同时，可改善农产品质量；生产沼气、生物天然气，提供清洁能源，减少温室气体排放；此外，部分废弃物还可以用作饲料，降低饲料成本。

1.鸡粪的无害化与资源化处理

▶ 无害化处理

鸡粪处理方法主要有：干燥处理、堆肥处理、生产沼气等。

（1）自然干燥处理　本方法是利用太阳能、风能等自然能源对鸡粪进行无害化处理。鸡粪在自然状态下的处理过程见图9-1。

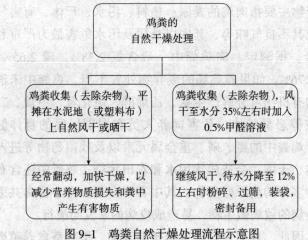

图9-1　鸡粪自然干燥处理流程示意图

（2）塑料大棚干燥法　采用塑料大棚中形成的"温室效应"。充分利用太阳能对鸡粪进行干燥处理。专用的塑料大棚长度一般 60～90 米。在夏季，只需 1 周即可把鸡粪的含水量降到 10%左右。优点：简便易行，成本低，容易推广，尤其适合于雨量较少，气候干燥、阳光充足的地区；缺点：占地面积大，灭菌效果差，养分损失较多。

（3）机械干燥处理　利用烘干机械设备进行干燥，多用电源加热加温，根据不同的温度采用不同的处理时间（表 9-1）处理后即可作饲料或肥料。此法需要一定的设备及技术条件，适用于大型集约化饲养场或饲料加工厂。

表 9-1　机械干燥处理的不同温度及相应时间

处理温度（℃）	处理时间（小时）
70	12
140	1
180	0.5

（4）高温快速干燥法　采用以回转圆筒烘干炉为代表的高温快速干燥设备，在 500～550℃高温下，较短时间内可使鸡粪的含水量降到 13%。优点：速度快，生产量大，消毒灭菌和除臭效果好；缺点：产生尾气污染环境，成本较高。

资源化利用技术

堆肥处理　堆肥技术的开发可以将鸡粪转变为稳定而安全的有机肥料，为企业减少生产成本，从另一方面增加了经济效益。这为规模化养鸡场对鸡粪的处理提供了一个很好的选择。

①厌氧型堆肥　厌氧堆肥是将鸡粪和作物秸秆等堆肥原料，堆积成正方体、长方体或圆锥体等形状的粪堆，

表面用塑料膜或泥浆密封严实，利用厌氧微生物完成分解反应。优点是无需通气、翻堆；无耗能；空气与堆肥相隔绝；温度低；工艺简单；产品中氮保存量比较多。缺点是堆制周期长；占地面积大；最终产物含水率高；异味浓烈；产品中含有分解不充分的杂质。

②好氧型堆肥　好氧堆肥是通过有氧发酵产生高温，杀死病原微生物和寄生虫卵，并降解其中有机质生成腐殖质、微生物和有机残渣的过程。优点：发酵周期短，无害化程度高，卫生条件好，易于操作；产生的堆肥基本无臭味、肥效持久，是改善土壤结构、维持土地质量的优质有机肥。缺点：消耗劳力多，基建投资大。好氧堆肥的主要方法有条垛式堆肥和发酵仓堆肥。

条垛式堆肥：在露天或棚架下，将鸡粪、作物秸秆等堆肥物料堆成条垛状，采取翻堆、设置通风管道等方式充入空气，保证好氧菌对氧气的需要，促使有机物发酵、腐熟。

发酵仓式堆肥：将鸡粪等堆肥物料布置于部分或全封闭的发酵容器内，向容器通风，控制容器中的水分和温度，利于生物降解和转化，进料、出料连续进行。

影响好氧型堆肥发酵的因素：一是含水量，控制在45%～65%为宜；二是碳氮比，一般要求25：（1～35）：1；三是供氧量，堆体中含氧量应保持在8%～18%；四是温度，控制在50～60℃；五是pH，要求pH为7～9。

▶ 生产沼气

建立中小型发酵池生产沼气（图9-2），可以解决冲水鸡粪不易处理的弊端，而且生成的沼气除可用于发电照明、生活取暖等，沼渣沼液还可制造成有机肥。

沼气生成的主要条件：保持无氧状态；原料的碳氮比为25：1；34～36℃发酵；池液适宜的pH为6.5～7.5；选用其他粪便作为启动原料时需事先在池外堆沤

图 9-2　建设中的沼气池

5~10 天。

青贮料生产

（1）青贮工艺　鸡粪青贮是一个自行完成的过程，是最简单、最经济的一种方法，安全可靠，不仅能防止粗蛋白的过多损失，还可杀死大部分有害微生物。只要保持厌氧条件便可长时间保存。其制作工艺见图 9-3。

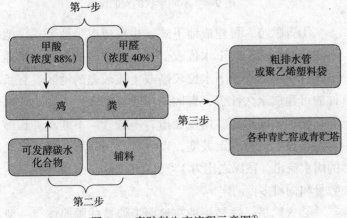

图 9-3　青贮料生产流程示意图[1]

（2）辅料要求　青贮时加入的辅料一般根据适用对象或者用途而定，见表 9-2。

[1]示意图说明：第一步中鸡粪：甲酸：甲醛，三者以比例 1 000：3：5 混匀，起到防止腐败、保存蛋白质、杀灭病原菌的作用；第二步中必须调整水分含量到 40％ ~65％。新鲜湿鸡粪加入 10％ 麸皮，其含水量即可达到 60％ 左右的要求。

表 9-2　不同饲喂对象的辅料要求

饲喂对象	要　　求	例　　子
单胃动物	低纤维、高能量	谷物粉、块根块茎
反刍动物	不要求	草粉、作物秸秆

（3）青贮设施　分为青贮塔、青贮窖、青贮袋、青贮堆等（图 9-4），下面重点介绍常用的两种。

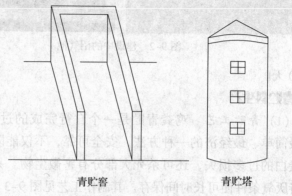

青贮窖　　　　　　　　　青贮塔

图 9-4　不同形状的青贮设施

①青贮窖　可建成地下式，也可建成半地下式。地下式青贮窖适于地下水位较低、土质较好的地区，半地下式青贮窖适于地下水位较高或土质较差的地区。有条件的可建成永久性窖，窖四周用砖石砌成，三合土或水泥抹面，坚固耐用，内壁光滑，不透气，不漏水。长形青贮窖窖底应有一定坡度，以利于取用完后，存于窖底的雨水流出。宽深之比为 1 :（1.5 ~ 2.0），长度根据鸡的数量和饲料多少而定。

②青贮塔　这是一种在地面上修造的圆筒体，一般用砖和混凝土修建而成，长久耐用，青贮效果好，便于机械化装料与卸料，可以充分承受压力并适于填料。青贮塔是永久性的建筑物，其建造必须坚固，虽然最初成本比较昂贵，但持久耐用，青贮损失少。在严酷的天气

里饲喂方便，并能充分适应装卸自动化。青贮塔的高度应不小于其直径的 2 倍，不大于直径的 3.5 倍，一般塔高 12～14 米，直径 3.5～6.0 米。在塔身一侧每隔 2 米高开一个 0.6 米×0.6 米的窗口，装时关闭，取空时敞开。

(4) 青贮要点

①水分控制　水分含量以 40%～65%为宜。含水过高则发酵鸡粪发黏，且酸味过大，适口性差；含水量过低，空气难以排尽，发酵不能有效进行，质量差。

②创造厌氧环境　原料填袋时一定要快装压紧封严，特别是角落和边缘部分，空气一旦进入就不能进行乳酸菌发酵，引起发霉变质，青贮即失败。

③保证适宜的可溶性糖分含量　鸡粪本身可溶性糖分含量低，一般需加入一定的辅料提高其可溶性糖分含量。

④保证乳酸发酵的原料　非豆科类牧草、水果蔬菜废料、块根块茎、作物秸秆等都可提供可溶性糖分，有条件的可加入谷物粉、糖蜜等。

⑤发酵时间　可根据以上几个条件灵活调整，一般为 4～6 周。

2.污水的无害化处理

养鸡场的污水主要来源于清粪后冲洗鸡舍，刷洗水槽和食槽的废水，其次是职工的生活污水。下面对畜牧养殖过程中造成的污水如何处理进行阐述。

▶ 污水排放标准

为减少污水量，鸡场多采用干清粪法。在修建鸡场时，应注意污水排放系统必须与雨水排泄系统分开，未经无害化处理的污水不准任意排放，养殖的污水排放标准应达到 GB 18596—2001（附录二）的规定。

①生化需氧量（BOD）：它是水中污染的有机物在好氧性微生物作用下被进行生物学分解时所需要消耗的氧量，故也称生物氧需要量。

污水处理方法

（1）好氧生物处理　如果水体中存在有机物质，生化需氧量①便会增加，使水中的溶解氧被消耗。因此，可以将溶解氧作为一个间接测定水被有机物污染程度的指标。溶解氧含量越高，水质越清洁。因此，控制水体中有机物质的含量是污水处理的一个重点。处理方法主要有活性污泥法、生物膜法等。

①活性污泥法　处理过程见图9-5。以污水中有机污染物作为培养基，在有氧条件下培养各种微生物群体以形成充满微生物的絮状物——活性污泥，通过凝聚、吸附、氧化、分解、沉淀等过程去除废水中的污染物。

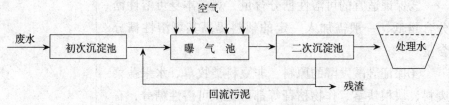

图9-5　活性污泥法处理废水流程示意图

②生物膜法　利用生物滤池、生物转盘等设备，使废水通过生物膜，在生物氧化作用下达到一定程度的净化。该处理方法处理能力大、净化功能好、耐冲击负荷而且没有污泥膨胀问题。

（2）厌氧生物处理　处理过程见图9-6。该方法利用兼性厌氧菌和专性厌氧菌将污水中大分子有机物降解为小分子化合物，转化为甲烷、二氧化碳。分为三个阶段：水解阶段、酸化阶段和气化阶段。水解阶段：在酸性消化阶段，在产酸菌分泌的外酶作用下，大分子有机物变成简单的有机酸和醇类、醛类氨、二氧化碳等；在气化阶段，酸性消化的代谢产物在甲烷细菌作用下进一步分解成由甲烷、二氧化碳等构成的气体。这种处理方法主要用于高浓度的有机废水和粪便污水等的处理。常见的厌氧消化池见图9-7。

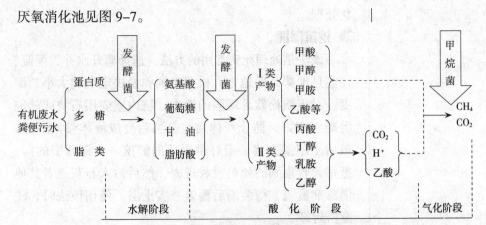

图 9-6　厌氧生物法处理废水流程示意图

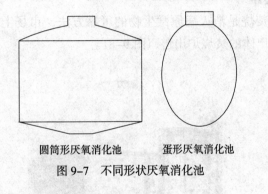

圆筒形厌氧消化池　　蛋形厌氧消化池

图 9-7　不同形状厌氧消化池

3.死鸡的无害化处理

在养鸡场生产中鸡只死亡不可避免。由于病死畜禽是一种特殊的疫病传播媒介，如果处理不当，会危害人体健康和畜牧业的健康发展。生活中人们对病死畜禽及其产品的危害程度认识不够，加上缺乏有效的监管，不少养殖户对饲养过程中产生的病死畜禽的处理是很随意的，这为一些不法之徒非法牟利提供了温床，利用病害畜禽制造食品危害人民的健康，影响社会的稳定，间接损害养殖户的利益。因此，对病死家禽一定要做到无害化处理。

▶ 挖坑深埋

该法是处理死鸡常用的方法。选择离开水井、河流、住宅且地势高的地方，根据鸡饲养量决定坑的大小、深度。对土质松软易塌陷的地方，坑内壁要用石块或砖加混凝土砌好，防止尸体腐败分解后变成液体渗入地下，最后土层要夯实。最好是用反向铲挖一个深而窄的沟，把每天收集到的死鸡投放进去，然后撒入石灰或者其他消毒剂覆盖，待装满后覆盖夯实土层。使用该法时，注意密封好。

▶ 焚烧

焚烧是消灭病原微生物的可靠方法，市场上有许多处理尸体的焚烧炉出售（图9-8）。

图9-8　动物尸体焚烧炉

▶ 化制分解法

碱解化制是化制分解法的一种，使用强碱性溶剂（pH=14）溶解生物组织，并利用罐中高温高压（温度≥140℃，压力≥700千帕）加速反应进行。此法基本能消灭所有病原体，包括朊病毒；最终将生物组织以及病原微生物转化为含有小肽、氨基酸、糖类和脂肪酸盐等物质的无菌水溶液。再经污水处理站处理，达标后排入污水管道，骨渣等残留物经漂洗处理后可进行掩埋或制成肥料。

▶ 电热化粪池

大型养鸡场可采用此法，将死鸡投放到可加热的电化粪池内，加热到 37.8 ℃，消化除骨头以外的尸体。如定期用石灰中和并加以热水，可进一步加快其作用和分解过程。

▶ 堆制处理

利用需氧菌、嗜热细菌成批处理死鸡。将每天的死鸡与旧的垫料、秸秆和水按顺序、比例（按重量计为 1：2：0.1：0.125）分层次地铺设于窖中，利用生物学方法将死鸡转化为无臭的类似腐殖质的物质，用作土壤改良剂和植物的营养源。具体做法如图 9-9 所示：

图 9-9　堆制处理示意图

4.孵化场废弃物的无害化处理

鸡场孵化过程是养鸡生产的重要环节，孵化质量的优劣直接影响养鸡生产和企业效益。孵化场的卫生管理在强调消毒的基础上，还要注意对废弃物进行迅速有效处理，防止它们成为微生物的繁殖场所，比如孵化场内的碎蛋壳、白蛋（未受精蛋）以及死胚蛋（血蛋、毛蛋）等。

▶ 焚烧处理

收集的废弃物应装在固定容器内密封运送，按顺流不可逆转的原则，在各室废弃物出口装车。将废弃物运送到固定场所后立即进行焚烧，然后灰烬采取深埋处理。

▶ 再利用

白蛋和死胚蛋可以食用或者用于食品加工，也可以将其高温消毒，经干燥处理后制成粉状饲料加以利用。蛋壳中含钙 24%～37%，粗蛋白约 12%。利用这一性质可用来代替饲料中的钙补充料。例如，可将蛋壳清洗后煮沸消毒半小时，捞出后 132℃下烘干，粉碎后装袋备用。需要注意的是，切不可将此加工料用作家禽饲料，以防消毒不彻底，导致疾病传播。

附　录

附录一　无公害食品　畜禽饮用水水质（NY 5027—2008）

1　范围

本标准规定了生产无公害畜禽产品过程中畜禽饮用水水质的要求、检测方法。

本标准适用于生产无公害食品的畜禽饮用水水质的要求。

2　规范性引用文件

下列文件中的条款通过本标准的引用而成为本标准的条款。凡是注日期的引用文件，其随后所有的修改单（不包括勘误的内容）或修改版本均不适用于本标准，然而，鼓励根据本标准达成协议的各方研究是否可使用这些文件的最新版本。凡是不注日期的引用文件，其最新版本适用于本标准。

GB/T 5750.2　生活饮用水标准检验方法　水样的采集与保存

GB/T 5750.4　生活饮用水标准检验方法　感官性状和物理指标

GB/T 5750.5　生活饮用水标准检验方法　无机非金属指标

GB/T 5750.6　生活饮用水标准检验方法　金属指标

GB/T 5750.12　生活饮用水标准检验方法　微生物指标

3 要求

畜禽饮用水水质应符合附表 1 的规定。

附表 1 畜禽饮用水水质安全指标

项 目		标 准 值	
		畜	禽
感官性状及一般化学指标	色	≤30°	
	浑浊度	≤20°	
	臭和味	不得有异臭、异味	
	总硬度（以 CaCO$_3$ 计），mg/L	≤1 500	
	pH	5.5～9	6.4～8.0
	溶解性总固体，mg/L	≤4 000	≤2 000
	硫酸盐（以 SO$_4^{2-}$ 计），mg/L	≤500	≤250
细菌学指标	总大肠菌群，MPN/100mL	成年畜 100，幼畜和禽 10	
毒理学指标	氟化物（以 F$^-$ 计），mg/L	≤2.0	≤2.0
	氰化物，mg/L	≤0.2	≤0.05
	砷，mg/L	≤0.2	≤0.2
	汞，mg/L	≤0.01	≤0.001
	铅，mg/L	≤0.10	≤0.10
	铬（六价），mg/L	≤0.10	≤0.05
	镉，mg/L	≤0.05	≤0.01
	硝酸盐（以 N 计），mg/L	≤10.0	≤3.0

4 检验方法

4.1 色

按 GB/T 5750.4 规定执行。

4.2 浑浊度

按 GB/T 5750.4 规定执行。

4.3 臭和味

按 GB/T 5750.4 规定执行。

4.4　总硬度（以 $CaCO_3$ 计）

按 GB/T 5750.4 规定执行。

4.5　溶解性总固体

按 GB/T 5750.4 规定执行。

4.6　硫酸盐（以 SO_4^{2-} 计）

按 GB/T 5750.5 规定执行。

4.7　总大肠菌群

按 GB/T 5750.12 规定执行。

4.8　pH

按 GB/T 5750.4 规定执行。

4.9　铬（六价）

按 GB/T 5750.6 规定执行。

4.10　汞

按 GB/T 5750.6 规定执行。

4.11　铅

按 GB/T 5750.6 规定执行。

4.12　镉

按 GB/T 5750.6 规定执行。

4.13　硝酸盐

按 GB/T 5750.6 规定执行。

4.14　氟化物（以 F^- 计）

按 GB/T 5750.5 规定执行。

4.15　砷

按 GB/T 5750.5 规定执行。

4.16　氰化物

按 GB/T 5750.5 规定执行。

5　检验规则

5.1　水样的采集与保存

按 GB 5750.2 规定执行。

5.2 型式检验

型式检验应检验技术要求中全部项目。在下列情况之一时应进行型式检验：

a）申请无公害农产品认证和进行无公害农产品年度抽查检验；

b）更换设备或长期停产再恢复生产时。

5.3 判定规则

5.3.1 全部检验项目均符合本标准时，判为合格；否则，判为不合格。

5.3.2 对检验结果有争议时，应对留存样品进行复检。对不合格项复检，以复检结果为准。

附录二　畜禽养殖业污染物排放标准
（GB 18596—2001）

为贯彻《环境保护法》、《水污染防治法》、《大气污染防治法》，控制畜禽养殖业产生的废水、废渣和恶臭对环境的污染，促进养殖业生产工艺和技术进步，维护生态平衡，制定本标准。

本标准适用于集约化、规模化的畜禽养殖场和养殖区，不适用于畜禽散养户。根据养殖规模，分阶段逐步控制，鼓励种养结合和生态养殖，逐步实现全国养殖业的合理布局。

根据畜禽养殖业污染物排放的特点，本标准规定的污染物控制项目包括生化指标、卫生学指标和感观指标等。为推动畜禽养殖业污染物的减量化、无害化和资源化，促进畜禽养殖业干清粪工艺的发展，减少水资源浪费，本标准规定了废渣无害化环境标准。

本标准为首次制定。

本标准由国家环境保护总局科技标准司提出。

本标准由农业部环保所负责起草。

本标准由国家环境保护总局 2001 年 11 月 26 日批准。

本标准由国家环境保护总局负责解释。

1　主题内容与适用范围

1.1　主题内容

本标准按集约化畜禽养殖业的不同规模分别规定了水污染物、恶臭气体的最高允许日均排放浓度、最高允许排水量，畜禽养殖业废渣无害化环境标准。

1.2　适用范围

本标准适用于全国集约化畜禽养殖场和养殖区污染物的排放管理，以及这些建设项目环境影响评价、环境保护设施设计、竣工验收及其投产后的排放管理。

1.2.1　本标准适用的畜禽养殖场和养殖区的规模分级，按附表 1 和附表 2 执行。

附表 1 集约化畜禽养殖场的适用规模（以存栏数计）

类别	猪（头）	鸡（只）		牛（头）	
规模分级	（25kg以上）	蛋鸡	肉鸡	成年奶牛	肉牛
Ⅰ级	≥3 000	≥100 000	≥200 000	≥200	≥400
Ⅱ级	500≤Q<3 000	15 000≤Q<100 000	30 000≤Q<200 000	100≤Q<200	200≤Q<400

附表 2 集约化畜禽养殖区的适用规模（以存栏数计）

类别	猪（头）	鸡（只）		牛（头）	
规模分级	（25kg以上）	蛋鸡	肉鸡	成年奶牛	肉牛
Ⅰ级	≥6 000	≥200 000	≥400 000	≥400	≥800
Ⅱ级	3 000≤Q<6 000	100 000≤Q<200 000	200 000≤Q<400 000	200≤Q<400	400≤Q<800

注：Q表示养殖量。

1.2.2 对具有不同畜禽种类的养殖场和养殖区，其规模可将鸡、牛的养殖量换算成猪的养殖量，换算比例为：30只蛋鸡折算成1头猪，60只肉鸡折算成1头猪，1头奶牛折算成10头猪，1头肉牛折算成5头猪。

1.2.3 所有Ⅰ级规模范围内的集约化畜禽养殖场和养殖区，以及Ⅱ级规模范围内且地处国家环境保护重点城市、重点流域和污染严重河网地区的集约化畜禽养殖场和养殖区，自本标准实施之日起开始执行。

1.2.4 其他地区Ⅱ级规模范围内的集约化养殖场和养殖区，实施标准的具体时间可由县级以上人民政府环境保护行政主管部门确定，但不得迟于2004年7月1日。

1.2.5 对集约化养羊场和养羊区，将羊的养殖量换算成猪的养殖量，换算比例为：3只羊换算成1头猪，根据换算后的养殖量确定养羊场或养羊区的规模级别，并参照本标准的规定执行。

2 定义

2.1 集约化畜禽养殖场

指进行集约化经营的畜禽养殖场。集约化养殖是指在较小的场地内，投入较多的生产资料和劳动，采用新的工艺与技术措施，进行精心管理的饲养方式。

2.2 集约化畜禽养殖区

指距居民区一定距离，经过行政区划确定的多个畜禽养殖个体生产集中的区域。

2.3　废渣

指养殖场外排的畜禽粪便、畜禽舍垫料、废饲料及散落的毛羽等固体废物。

2.4　恶臭污染物

指一切刺激嗅觉器官，引起人们不愉快及损害生活环境的气体物质。

2.5　臭气浓度

指恶臭气体（包括异味）用无臭空气进行稀释，稀释到刚好无臭时所需的稀释倍数。

2.6　最高允许排水量

指在畜禽养殖过程中直接用于生产的水的最高允许排放量。

3　技术内容

本标准按水污染物、废渣和恶臭气体的排放分为以下三部分。

3.1　畜禽养殖业水污染物排放标准

3.1.1　畜禽养殖业废水不得排入敏感水域和有特殊功能的水域。排放去向应符合国家和地方的有关规定。

3.1.2　标准适用规模范围内的畜禽养殖业的水污染物排放分别执行附表3、附表4和附表5的规定。

附表3　集约化畜禽养殖业水冲工艺最高允许排水量

种类	猪［m³/（百头·天）］		鸡［m³/（千只·天）］		牛［m³/（百头·天）］	
季节	冬季	夏季	冬季	夏季	冬季	夏季
标准值	2.5	3.5	0.8	1.2	20	30

注：废水最高允许排放量的单位中，百头、千只均指存栏数。春、秋季废水最高允许排放量按冬、夏两季的平均值计算。

附表4　集约化畜禽养殖业干清粪工艺最高允许排水量

种类	猪［m³/（百头·天）］		鸡［m³/（千只·天）］		牛［m³/（百头·天）］	
季节	冬季	夏季	冬季	夏季	冬季	夏季
标准值	1.2	1.8	0.5	0.7	17	20

注：废水最高允许排放量的单位中，百头、千只均指存栏数。春、秋季废水最高允许排放量按冬、夏两季的平均值计算。

附表5　集约化畜禽养殖业水污染物最高允许日均排放浓度

控制项目	五日生化需氧量（mg/L）	化学需氧量（mg/L）	悬浮物（mg/L）	氨氮（mg/L）	总磷（以 P 计）（mg/L）	粪大肠菌群数（个/mL）	蛔虫卵（个/L）
标准值	150	400	200	80	8.0	10 000	2.0

3.2　畜禽养殖业废渣无害化环境标准

3.2.1　畜禽养殖业必须设置废渣的固定储存设施和场所，储存场所要有防止粪液渗漏、溢流措施。

3.2.2　用于直接还田的畜禽粪便，必须进行无害化处理。

3.2.3　禁止直接将废渣倾倒入地表水体或其他环境中。畜禽粪便还田时，不能超过当地的最大农田负荷量，避免造成面源污染和地下水污染。

3.2.4　经无害化处理后的废渣，应符合附表6的规定。

附表6　畜禽养殖业废渣无害化环境标准

控制项目	指　标
蛔虫卵	死亡率≥95%
粪大肠菌群数	≤10^5个/kg

3.3　畜禽养殖业恶臭污染物排放标准

3.3.1　集约化畜禽养殖业恶臭污染物的排放执行附表7的规定。

附表7　集约化畜禽养殖业恶臭污染物排放标准

控制项目	标准值
臭气浓度（无量纲）	70

3.4　畜禽养殖业应积极通过废水和粪便的还田或其他措施对所排放的污染物进行综合利用，实现污染物的资源化。

4　监测

污染物项目监测的采样点和采样频率应符合国家环境监测技术规范的要求。污染物项目的监测方法按附表8执行。

附表8　畜禽养殖业污染物排放配套监测方法

序号	项　　目	监测方法	方法来源
1	生化需氧（BDD$_5$）	稀释与接种法	GB 7488—1987
2	化学需氧（COD$_{cr}$）	重铬酸钾法	GB 11914—1989
3	悬浮物（SS）	重量法	GB 11901—1989
4	氨氮（NH$_3$-N）	钠氏试剂比色法 水杨酸分光光度法	GB 7479—1987 GB 7481—1987
5	总 P（以 P 计）	钼蓝比色法	（1）
6	粪大肠菌群数	多管发酵法	GB 5750—1985
7	蛔虫卵	吐温-80 柠檬酸缓冲液离心沉淀集卵法	（2）
8	蛔虫卵死亡率	堆肥蛔虫卵检查法	GB 7959—1987
9	寄生虫卵沉降率	粪稀蛔虫卵检查法	GB 7959—1987
10	臭气浓度	三点式比较臭袋法	GB 14675

注：分析方法中，未列出国标的暂时采用下列方法，待国家标准方法颁布后执行国家标准。

（1）水和废水监测分析方法，中国环境科学出版社，1989。

（2）卫生防疫检验，上海科学技术出版社，1964。

5　标准的实施

5.1　本标准由县级以上人民政府环境保护行政主管部门实施统一监督管理。

5.2　省、自治区、直辖市人民政府可根据地方环境和经济发展的需要，确定严于本标准的集约化畜禽养殖业适用规模，或制定更为严格的地方畜禽养殖业污染物排放标准，并报国务院环境保护行政主管部门备案。

附录三　肉鸡常见疾病诊断

主要症状与病变	应考虑的疾病
呼吸困难与流鼻液	鸡新城疫、禽霍乱、鸡传染性鼻炎、鸡传染性喉气管炎、鸡传染性支气管炎、禽慢性呼吸道病、鸟疫
下痢	鸡白痢、禽伤寒、禽副伤寒、大肠杆菌病、鸡传染性法氏囊病、鸡新城疫、鸡球虫病、禽组织滴虫病、禽弯杆菌性肝炎、钩端螺旋体病、鸟疫
神经症状与运动障碍	鸡传染性脑脊髓炎、鸡新城疫、鸡马立克氏病、葡萄球菌病、鸡传染性滑膜炎、鸡病毒性关节炎、禽霍乱
关节炎	葡萄球菌病、鸡传染性滑膜炎、鸡病毒性关节炎
眼部病变与头面部肿大	大肠杆菌病、鸟疫、鸡马立克氏病、禽慢性呼吸道病、鸡传染性鼻炎、鸡传染性喉气管炎
贫血与消瘦	结核病、禽弯杆菌性肝炎、钩端螺旋体病、鸡白痢、禽伤寒、禽副伤寒、大肠杆菌病、禽淋巴白血病、鸡球虫病、鸡传染性法氏囊病、鸡传染性滑膜炎
出血性素质	鸡新城疫、鸡传染性法氏囊病
腺胃出血与坏死	鸡新城疫、鸡传染性法氏囊病、呋喃唑酮中毒
腹膜炎	鸡白痢、禽伤寒、禽副伤寒、大肠杆菌病、鸡传染性支气管炎（卵黄性腹膜炎）
口炎与咽炎	鹅口疮、痘白喉
喉炎与气管炎	鸡传染性喉气管炎、禽慢性呼吸道病、痘白喉、鸡传染性支气管炎
肺炎	禽霍乱、曲霉菌病、禽慢性呼吸道病、鸡白痢、禽伪结核病、鸟疫
气囊炎	鸡传染性支气管炎、曲霉菌病、禽慢性呼吸道病、大肠杆菌病、鸟疫
心肌炎、心外膜炎与心包炎	鸡白痢、禽伤寒、禽副伤寒、大肠杆菌病、禽霍乱、鸟疫、鸡病毒性关节炎
肠炎	鸡新城疫、禽霍乱、禽组织滴虫病、鸡球虫病、鸡白痢、禽伤寒、禽副伤寒、结核病、伪结核病、大肠杆菌病、鸡传染性法氏囊病

（续）

主要症状与病变	应考虑的疾病
肝炎与肝结节状病变	禽霍乱、禽伤寒、禽副伤寒、鸡白痢、禽组织滴虫病、禽弯杆菌性肝炎、钩端螺旋体病、大肠杆菌病、结核病、伪结核病、鸡马立克氏病、禽淋巴白血病、鸟疫
肾炎与肾病	鸡传染性支气管炎、禽伤寒、伪结核病、鸡传染性法氏囊病
卵巢炎	鸡白痢、禽霍乱、鸡传染性支气管炎、禽伤寒、禽副伤寒
脾炎与脾结节状病变	鸡新城疫、钩端螺旋体病、鸡白痢、禽伤寒、禽副伤寒、结核病、伪结核病、禽淋巴白血病、鸡马立克氏病、鸟疫
法氏囊炎与法氏囊增大	鸡传染性法氏囊病、禽淋巴白血病
非化脓性脑炎	鸡新城疫、鸡传染性脑脊髓炎、鸡马立克氏病
外周神经增粗	鸡马立克氏病

附录四　肉鸡常用药物剂量和停药期

药物名称	主治疾病	剂量及使用方法	停药期
青霉素	链球菌病、葡萄球菌病、禽霍乱、球虫病等	口服每只2 000单位，肌内注射每千克体重5万单位，一日2次	0日
链霉素	结核杆菌病、禽霍乱、鸡白痢、鸡伤寒、大肠杆菌病	每千克体重肌内注射50～200毫克，一日2次	4日
硫酸新霉素	禽霍乱、鸡白痢、鸡伤寒、大肠杆菌病、鸡传染性鼻炎	由于本品毒性大，一般不主张注射给药。鸡可按35～70毫克/千克混饮给药或按70～140毫克/千克混饲给药	3日
硫酸卡那霉素	大肠杆菌病、鸡白痢、鸡伤寒、禽霍乱、葡萄球菌病、链球菌病	可按30～120毫克/千克混饮给药，每千克体重一次10～30毫克，1日2次进行肌内注射	14日
硫酸庆大霉素	大肠杆菌病、鸡白痢、结核杆菌病、支原体病、葡萄球菌病、绿脓杆菌病	鸡饮水量每天每只7 000单位。每千克体重肌内注射2毫克，1日2次	14日
四环素	副伤寒、鸡白痢、衣原体病、支原体病等	鸡拌入饲料中，浓度为0.04%	5日
土霉素	同四环素	鸡拌入饲料中，浓度为0.2%	肉种鸡禁用，宰前7日停药
金霉素	同土霉素	内服剂量同土霉素	不用于肉种鸡，宰前48小时停药
洁霉素（林可霉素）	支原体病、传染性鼻炎	皮下注射量鸡每千克体重（颈部皮下）30毫克，1日1次，连用3天	

（续）

药物名称	主治疾病	剂量及使用方法	停药期
红霉素	与青霉素相似，对禽霍乱、布鲁氏菌病、鸡支原体病、立克次氏体病等有效	禽日用量：每千克体重 10 毫克，分 2 次内服，或按 100 毫克/千克混饮给药，连用 3～5 天，混饲浓度为 20～50 毫克/千克；连用 5 天。每千克体重肌内注射 10～30 毫克，1 日 2 次	2 日
泰乐菌素	支原体病、葡萄球菌病、链球菌病、绿脓杆菌病、螺旋体病等有抑制作用，对支原体病有特效	添加剂饲料中的浓度为 10～500 毫克/千克。防治鸡支原体病时，对 8 周龄以上的鸡，每千克体重皮下注射 25 毫克，1 日 1 次。但应注意每次用量不宜超过 62.5 毫克，8 周龄以下的鸡以内服为好	宰前 5 日停药
莫能菌素	对金黄色葡萄球菌病、链球菌病、枯草杆菌病、球虫病有效	雏鸡拌料 77～120 毫克/千克，火鸡雏 60～100 毫克/千克；肉鸡 125 毫克/千克	肉种鸡不能使用，宰前 5 日停药
盐霉素	同莫能菌素	雏鸡 60～70 毫克/千克混饲给药	5 日
制霉菌素	对白色念珠菌病、球孢子菌病、鹅口疮、烟曲霉菌等真菌感染有效	家禽每千克饲料中添加 50 万～100 万单位，连用 1～3 周。雏鸡每 100 只 1 次量为 50 万～100 万单位，1 日 2 次，连用 3 天	0 日
痢菌净	对禽霍乱、鸡白痢有效	肌内注射或内服剂量：内服每千克体重 2.55 毫克或每千克体重 2.5 毫克肌内注射，1 日 2 次，连用 3 天	14 日

（续）

药物名称	主治疾病	剂量及使用方法	停药期
恩诺沙星	大肠杆菌病、鸡白痢、副伤寒、绿脓杆菌病、葡萄球菌病、支原体病有效	拌料浓度为100毫克/千克	7日
环丙沙星	对大肠杆菌病、鸡白痢、支原体病等有效	饮水浓度为75～150毫克/千克，拌料75毫克/千克	7日
克球多	球虫病	拌料0.006%为治疗量，使用8天。0.004%为预防量，雏鸡从15日龄始连续喂至60日龄	无停药期
氯苯胍	球虫病	拌料量为0.0033%，连用3～5天	肉种鸡不能使用，上市前5日停药
磺胺嘧啶（SD）	大肠杆菌病、鸡白痢、结核杆菌病、支原体病、葡萄球菌病、绿脓杆菌病，也可用于弓形虫感染	每千克体重初次量0.2克，维持量0.1克，每次同服等量碳酸氢钠，混饲浓度为0.125%～0.25%	5日
磺胺二甲嘧啶（SM2）	大肠杆菌病、鸡白痢、结核杆菌病、支原体病、葡萄球菌病、绿脓杆菌病、螺旋体病都有效	家禽按0.1%浓度混入饲料中。混饮浓度0.1%～0.2%	6日
磺胺甲基异噁唑（SMZ）	主要用于慢性呼吸道病，如与TMP合用效果更好，主治禽霍乱、禽副伤寒、禽慢性呼吸道病	每千克体重0.07克，1日2次，深部肌肉注射或拌料	10日
磺胺脒（SG）	内服吸收少，在肠内可保持较高浓度，用于肠炎、腹泻、球虫病	每千克体重0.1克，1日分2～3次内服	
增效磺胺（敌菌净）（DVD）	治疗球虫病、禽霍乱、鸡白痢等	拌料0.02%喂3～5天，停止几天再喂，病情严重时，可增加至3/5	5日

附录五　农业部公告禁用兽药汇总

禁止在饲料和动物饮用水中使用的药物品种目录

（中华人民共和国农业部公告第176号，
二〇〇二年二月九日）

一、肾上腺素受体激动剂

1.盐酸克仑特罗（Clenbuterol Hydrochloride）：中华人民共和国药典（以下简称药典）2000年二部P605。β2肾上腺素受体激动药。

2.沙丁胺醇（Salbutamol）：药典2000年二部P316。β2肾上腺素受体激动药。

3.硫酸沙丁胺醇（Salbutamol Sulfate）：药典2000年二部P870。β2肾上腺素受体激动药。

4.莱克多巴胺（Ractopamine）：一种β兴奋剂，美国食品和药物管理局（FDA）已批准，中国未批准。

5.盐酸多巴胺（Dopamine Hydrochloride）：药典2000年二部P591。多巴胺受体激动药。

6.西马特罗（Cimaterol）：美国氰胺公司开发的产品，一种β兴奋剂，FDA未批准。

7.硫酸特布他林（Terbutaline Sulfate）：药典2000年二部P890。β2肾上腺受体激动药。

二、性激素

8.己烯雌酚（Diethylstibestrol）：药典2000年二部P42。雌激素类药。

9.雌二醇（Estradiol）：药典2000年二部P1005。雌激素类药。

10.戊酸雌二醇（EstradiolValerate）：药典2000年二部P124。雌激素类药。

11.苯甲酸雌二醇（EstradiolBenzoate）：药典 2000 年二部 P369。雌激素类药。中华人民共和国兽药典（以下简称兽药典）2000 年版一部 P109。雌激素类药。用于发情不明显动物的催情及胎衣滞留、死胎的排除。

12.氯烯雌醚（Chlorotrianisene）：药典 2000 年二部 P919。

13.炔诺醇(Ethinylestradiol)：药典 2000 年二部 P422。

14.炔诺醚(Quinestrol)：药典 2000 年二部 P424。

15.醋酸氯地孕酮（Chlormadinone acetate）：药典 2000 年二部 P1037。

16.左炔诺孕酮(Levonorgestrel)：药典 2000 年二部 P107。

17.炔诺酮(Norethisterone)：药典 2000 年二部 P420。

18.绒毛膜促性腺激素(绒促性素)（Chorionic Gonadotrophin）：药典 2000 年二部 P534。促性腺激素药。兽药典 2000 年版一部 P146。激素类药。用于性功能障碍、习惯性流产及卵巢囊肿等。

19.促卵泡生长激素（尿促性素主要含卵泡刺激 FSHT 和黄体生成素 LH)（Menotropins）：药典 2000 年二部 P321。促性腺激素类药。

三、蛋白同化激素

20.碘化酪蛋白(Iodinated Casein)：蛋白同化激素类，为甲状腺素的前驱物质，具有类似甲状腺素的生理作用。

21.苯丙酸诺龙及苯丙酸诺龙注射液（Nandrolone phenylpropionate）：药典 2000 年二部 P365。

四、精神药品

22.（盐酸）氯丙嗪（Chlorpromazine Hydrochloride）：药典 2000 年二部 P676。抗精神病药。兽药典 2000 年版一部 P177。镇静药。用于强化麻醉以及使动物安静等。

23.盐酸异丙嗪（Promethazine Hydrochloride）：药典 2000 年二部 P602。抗组胺药。兽药典 2000 年版一部 P164。抗组胺药。用于变态反应性疾病，如荨麻疹、血清病等。

24.安定（地西泮）（Diazepam）：药典 2000 年二部 P214。抗焦虑药、抗惊厥药。兽药典 2000 年版一部 P61。镇静药、抗惊厥药。

25.苯巴比妥（Phenobarbital）：药典 2000 年二部 P362。镇静催眠药、抗惊厥药。兽药典 2000 年版一部 P103。巴比妥类药。缓解脑炎、破伤风、士的宁中毒所致的惊厥。

26.苯巴比妥钠（Phenobarbital Sodium）：兽药典 2000 年版一部 P105。巴比妥类药。缓解脑炎、破伤风、士的宁中毒所致的惊厥。

27.巴比妥（Barbital）：兽药典 2000 年版一部 P27。中枢抑制和增强解热镇痛。

28.异戊巴比妥（Amobarbital）：药典 2000 年二部 P252。催眠药、抗惊厥药。

29.异戊巴比妥钠（Amobarbital Sodium）：兽药典 2000 年版一部 P82。巴比妥类药。用于小动物的镇静、抗惊厥和麻醉。

30.利血平（Reserpine）：药典 2000 年二部 P304。抗高血压药。

31.艾司唑仑（Estazolam）。

32.甲丙氨脂（Meprobamate）。

33.咪达唑仑（Midazolam）。

34.硝西泮（Nitrazepam）。

35.奥沙西泮（Oxazepam）。

36.匹莫林（Pemoline）。

37.三唑仑（Triazolam）。

38.唑吡旦（Zolpidem）。

39.其他国家管制的精神药品。

五、各种抗生素滤渣

40.抗生素滤渣：该类物质是抗生素类产品生产过程中产生的工业三废，因含有微量抗生素成分，在饲料和饲养过程中使用后对动物有一定的促生长作用。但对养殖业的危害很大，一是容易引起耐药性，二是由于未做安全性试验，存在各种安全隐患。

食品动物禁用的兽药及其它化合物清单

（中华人民共和国农业部公告第 193 号，
二〇〇二年四月九日）

兽药及其他化合物名称	禁止用途	禁用动物
β-兴奋剂类：克仑特罗 Clenbuterol、沙丁胺醇 Salbutamol、西马特罗 Cimaterol 及其盐、酯及制剂	所有用途	所有食品动物
性激素类：己烯雌酚 Diethylstilbestrol 及其盐、酯及制剂	所有用途	所有食品动物
具有雌激素样作用的物质：玉米赤霉醇 Zeranol、去甲雄三烯醇酮 Trenbolone、醋酸甲孕酮 Mengestrol，Acetate 及制剂	所有用途	所有食品动物
氯霉素 Chloramphenicol 及其盐、酯（包括：琥珀酰氯霉素 Chloramphenicol Succinate）及制剂	所有用途	所有食品动物
氨苯砜 Dapsone 及制剂	所有用途	所有食品动物
硝基呋喃类：呋喃唑酮 Furazolidone、呋喃它酮 Furaltadone、呋喃苯烯酸钠 Nifurstyrenate sodium 及制剂	所有用途	所有食品动物
硝基化合物：硝基酚钠 Sodium nitrophenolate、硝呋烯腙 Nitrovin 及制剂	所有用途	所有食品动物
催眠、镇静类：安眠酮 Methaqualone 及制剂	所有用途	所有食品动物
林丹（丙体六六六）Lindane	杀虫剂	水生食品动物
毒杀芬（氯化烯）Camahechlor	杀虫剂、清塘剂	水生食品动物
呋喃丹（克百威）Carbofuran	杀虫剂	水生食品动物
杀虫脒（克死螨）Chlordimeform	杀虫剂	水生食品动物
双甲脒 Amitraz	杀虫剂	水生食品动物
酒石酸锑钾 Antimonypotassiumtartrate	杀虫剂	水生食品动物
锥虫胂胺 Tryparsamide	杀虫剂	水生食品动物

（续）

兽药及其他化合物名称	禁止用途	禁用动物
孔雀石绿 Malachitegreen	抗菌、杀虫剂	水生食品动物
五氯酚酸钠 Pentachlorophenolsodium	杀螺剂	水生食品动物
各种汞制剂包括：氯化亚汞（甘汞）Calomel，硝酸亚汞 Mercurous nitrate、醋酸汞 Mercurous acetate、吡啶基醋酸汞 Pyridyl mercurous acetate	杀虫剂	动物
性激素类：甲基睾丸酮 Methyltestosterone、丙酸睾酮 Testosterone Propionate、苯丙酸诺龙 Nandrolone、Phenylpropionate、苯甲酸雌二醇 Estradiol Benzoate 及其盐、酯及制剂	促生长	所有食品动物
催眠、镇静类：氯丙嗪 Chlorpromazine、地西泮（安定）Diazepam 及其盐、酯及制剂	促生长	所有食品动物
硝基咪唑类：甲硝唑 Metronidazole、地美硝唑 Dimetronidazole 及其盐、酯及制剂	促生长	所有食品动物

注：食品动物是指各种供人食用或其产品供人食用的动物。

禁止在饲料和动物饮水中使用的物质

（中华人民共和国农业部公告第 1519 号，
二〇一〇年十二月二十七日）

为加强饲料及养殖环节质量安全监管，保障饲料及畜产品质量安全，根据《饲料和饲料添加剂管理条例》有关规定，禁止在饲料和动物饮水中使用苯乙醇胺 A 等物质（见附件）。各级畜牧饲料管理部门要加强日常监管和监督检测，严肃查处在饲料生产、经营、使用和动物饮水中违禁添加苯乙醇胺 A 等物质的违法行为。

附件：

1.苯乙醇胺 A（Phenylethanolamine A）：β - 肾上腺素受体激动剂。

2.班布特罗（Bambuterol）：β - 肾上腺素受体激动剂。

3.盐酸齐帕特罗（Zilpaterol Hydrochloride）：β - 肾上腺素受体激动剂。

4.盐酸氯丙那林（Clorprenaline Hydrochloride）：药典 2010 版二部 P783。β－肾上腺素受体激动剂。

5.马布特罗（Mabuterol）：β－肾上腺素受体激动剂。

6.西布特罗（Cimbuterol）：β－肾上腺素受体激动剂。

7.溴布特罗（Brombuterol）：β－肾上腺素受体激动剂。

8.酒石酸阿福特罗（Arformoterol Tartrate）：长效型 β－肾上腺素受体激动剂。

9.富马酸福莫特罗（Formoterol Fumatrate）：长效型 β－肾上腺素受体激动剂。

10.盐酸可乐定（Clonidine Hydrochloride）：药典 2010 版二部 P645。抗高血压药。

11.盐酸赛庚啶（Cyproheptadine Hydrochloride）：药典 2010 版二部 P803。抗组胺药。

中华人民共和国农业部公告　第2292号

（二〇一五年九月一日）

为保障动物产品质量安全和公共卫生安全，我部组织开展了部分兽药的安全性评价工作。经评价，认为洛美沙星、培氟沙星、氧氟沙星、诺氟沙星 4 种原料药的各种盐、酯及其各种制剂可能对养殖业、人体健康造成危害或者存在潜在风险。根据《兽药管理条例》第六十九条规定，我部决定在食品动物中停止使用洛美沙星、培氟沙星、氧氟沙星、诺氟沙星 4 种兽药，撤销相关兽药产品批准文号。现将有关事项公告如下。

一、自本公告发布之日起，除用于非食品动物的产品外，停止受理洛美沙星、培氟沙星、氧氟沙星、诺氟沙星 4 种原料药的各种盐、酯及其各种制剂的兽药产品批准文号的申请。

二、自 2015 年 12 月 31 日起，停止生产用于食品动物的洛美沙星、培氟沙星、氧氟沙星、诺氟沙星 4 种原料药的各种盐、酯及其各种制剂，涉及的相关企业的兽药产品批准文号同时撤销。2015 年 12 月 31 日前生产的产品，可以在 2016 年 12 月 31 日前流通使用。

三、自 2016 年 12 月 31 日起，停止经营、使用用于食品动物的洛美沙星、培氟沙星、氧氟沙星、诺氟沙星 4 种原料药的各种盐、酯及其各种制剂。

中华人民共和国农业部公告 第 2583 号

（二〇一七年九月十五日）

为保证动物源性食品安全，维护人民身体健康，根据《兽药管理条例》规定，禁止非泼罗尼及相关制剂用于食品动物。

中华人民共和国农业部公告　第 2638 号

（二〇一八年一月十一日）

为保障动物产品质量安全，维护公共卫生安全和生态安全，我部组织对喹乙醇预混剂、氨苯胂酸预混剂、洛克沙胂预混剂 3 种兽药产品开展了风险评估和安全再评价。评价认为喹乙醇、氨苯胂酸、洛克沙胂等 3 种兽药的原料药及各种制剂可能对动物产品质量安全、公共卫生安全和生态安全存在风险隐患。根据《兽药管理条例》第六十九条规定，我部决定停止在食品动物中使用喹乙醇、氨苯胂酸、洛克沙胂等 3 种兽药。现将有关事项公告如下。

一、自本公告发布之日起，我部停止受理喹乙醇、氨苯胂酸、洛克沙胂等 3 种兽药的原料药及各种制剂兽药产品批准文号的申请。

二、自 2018 年 5 月 1 日起，停止生产喹乙醇、氨苯胂酸、洛克沙胂等 3 种兽药的原料药及各种制剂，相关企业的兽药产品批准文号同时注销。2018 年 4 月 30 日前生产的产品，可在 2019 年 4 月 30 日前流通使用。

三、自 2019 年 5 月 1 日起，停止经营、使用喹乙醇、氨苯胂酸、洛克沙胂等 3 种兽药的原料药及各种制剂。

附录六　畜禽规模养殖污染防治条例

第一章　总　则

第一条　为了防治畜禽养殖污染，推进畜禽养殖废弃物的综合利用和无害化处理，保护和改善环境，保障公众身体健康，促进畜牧业持续健康发展，制定本条例。

第二条　本条例适用于畜禽养殖场、养殖小区的养殖污染防治。

畜禽养殖场、养殖小区的规模标准根据畜牧业发展状况和畜禽养殖污染防治要求确定。牧区放牧养殖污染防治，不适用本条例。

第三条　畜禽养殖污染防治，应当统筹考虑保护环境与促进畜牧业发展的需要，坚持预防为主、防治结合的原则，实行统筹规划、合理布局、综合利用、激励引导。

第四条　各级人民政府应当加强对畜禽养殖污染防治工作的组织领导，采取有效措施，加大资金投入，扶持畜禽养殖污染防治以及畜禽养殖废弃物综合利用。

第五条　县级以上人民政府环境保护主管部门负责畜禽养殖污染防治的统一监督管理。

县级以上人民政府农牧主管部门负责畜禽养殖废弃物综合利用的指导和服务。县级以上人民政府循环经济发展综合管理部门负责畜禽养殖循环经济工作的组织协调。县级以上人民政府其他有关部门依照本条例规定和各自职责，负责畜禽养殖污染防治相关工作。乡镇人民政府应当协助有关部门做好本行政区域的畜禽养殖污染防治工作。

第六条　从事畜禽养殖以及畜禽养殖废弃物综合利用和无害化处理活动，应当符合国家有关畜禽养殖污染防治的要求，并依法接受有关主管部门的监督检查。

第七条　国家鼓励和支持畜禽养殖污染防治以及畜禽养殖废弃物综合利用和无害化处理的科学技术研究和装备研发。各级人民政府应当支持先进适用技术的推广，促进畜禽养殖污染防治水平的提高。

第八条　任何单位和个人对违反本条例规定的行为，有权向县级以上人民政府环境保护等有关部门举报。接到举报的部门应当及时调查处理。

对在畜禽养殖污染防治中作出突出贡献的单位和个人，按照国家有关规定给予表彰和奖励。

第二章　预　防

第九条　县级以上人民政府农牧主管部门编制畜牧业发展规划，报本级人民政府或者其授权的部门批准实施。畜牧业发展规划应当统筹考虑环境承载能力以及畜禽养殖污染防治要求，合理布局，科学确定畜禽养殖的品种、规模、总量。

第十条　县级以上人民政府环境保护主管部门会同农牧主管部门编制畜禽养殖污染防治规划，报本级人民政府或者其授权的部门批准实施。畜禽养殖污染防治规划应当与畜牧业发展规划相衔接，统筹考虑畜禽养殖生产布局，明确畜禽养殖污染防治目标、任务、重点区域，明确污染治理重点设施建设，以及废弃物综合利用等污染防治措施。

第十一条　禁止在下列区域内建设畜禽养殖场、养殖小区：

（一）饮用水水源保护区，风景名胜区；

（二）自然保护区的核心区和缓冲区；

（三）城镇居民区、文化教育科学研究区等人口集中区域；

（四）法律、法规规定的其他禁止养殖区域。

第十二条　新建、改建、扩建畜禽养殖场、养殖小区，应当符合畜牧业发展规划、畜禽养殖污染防治规划，满足动物防疫条件，并进行环境影响评价。对环境可能造成重大影响的大型畜禽养殖场、养殖小区，应当编制环境影响报告书;其他畜禽养殖场、养殖小区应当填报环境影响登记表。大型畜禽养殖场、养殖小区的管理目录，由国务院环境保护主管部门商国务院农牧主管部门确定。

环境影响评价的重点应当包括：畜禽养殖产生的废弃物种类和数量，废弃物综合利用和无害化处理方案和措施，废弃物的消纳和处理情况以及向环境直接排放的情况，最终可能对水体、土壤等环境和人体健康产生的影响以及控制和减少影响的方案和措施等。

第十三条　畜禽养殖场、养殖小区应当根据养殖规模和污染防治需要，建设相应的畜禽粪便、污水与雨水分流设施，畜禽粪便、污水的贮存设施，粪污厌氧消化和堆沤、有机肥加工、制取沼气、沼渣沼液分离和输送、污水处理、畜禽尸体处理等综合利用和无害化处理设施。已经委托他人对畜禽养殖废弃物代为综合利用和无害化处理的，可以不自行建设综合利用和无害化处理设施。

未建设污染防治配套设施、自行建设的配套设施不合格，或者未委托他人对畜禽养殖废弃物进行综合利用和无害化处理的，畜禽养殖场、养殖小区不得投入生产或者使用。

畜禽养殖场、养殖小区自行建设污染防治配套设施的，应当确保其正常运行。

第十四条　从事畜禽养殖活动，应当采取科学的饲养方式和废弃物处理工艺等有效措施，减少畜禽养殖废弃物的产生量和向环境的排放量。

第三章　综合利用与治理

第十五条　国家鼓励和支持采取粪肥还田、制取沼气、制造有机肥等方法，对畜禽养殖废弃物进行综合利用。

第十六条　国家鼓励和支持采取种植和养殖相结合的方式消纳利用畜禽养殖废弃物，促进畜禽粪便、污水等废弃物就地就近利用。

第十七条　国家鼓励和支持沼气制取、有机肥生产等废弃物综合利用以及沼渣沼液输送和施用、沼气发电等相关配套设施建设。

第十八条　将畜禽粪便、污水、沼渣、沼液等用作肥料的，应当与土地的消纳能力相适应，并采取有效措施，消除可能引起传染病的微生物，防止污染环境和传播疫病。

第十九条　从事畜禽养殖活动和畜禽养殖废弃物处理活动，应当及时对畜禽粪便、畜禽尸体、污水等进行收集、贮存、清运，防止恶臭和畜禽养殖废弃物渗出、泄漏。

第二十条　向环境排放经过处理的畜禽养殖废弃物，应当符合国家和地方规定的污染物排放标准和总量控制指标。畜禽养殖废弃物未经处理，不得直接向环境排放。

第二十一条　染疫畜禽以及染疫畜禽排泄物、染疫畜禽产品、病死或者死因不明的畜禽尸体等病害畜禽养殖废弃物，应当按照有关法律、法规和国务院农牧主管部门的规定，进行深埋、化制、焚烧等无害化处理，不得随意处置。

第二十二条　畜禽养殖场、养殖小区应当定期将畜禽养殖品种、规模以及畜禽养殖废弃物的产生、排放和综合利用等情况，报县级人民政府环境保护主管部门备案。环境保护主管部门应当定期将备案情况抄送同级农牧主管部门。

第二十三条　县级以上人民政府环境保护主管部门应当依据职责对畜禽养殖污染防治情况进行监督检查，并加强对畜禽养殖环境污染的监测。

乡镇人民政府、基层群众自治组织发现畜禽养殖环境污染行为的，应当及时制止和报告。

第二十四条　对污染严重的畜禽养殖密集区域，市、县人民政府应当制定综合整治方案，采取组织建设畜禽养殖废弃物综合利用和无害化处理设施、有计划搬迁或者关闭畜禽养殖场所等措施，对畜禽养殖污染进行治理。

第二十五条　因畜牧业发展规划、土地利用总体规划、城乡规划调整以及划定禁止养殖区域，或者因对污染严重的畜禽养殖密集区域进行综合整治，确需关闭或者搬迁现有畜禽养殖场所，致使畜禽养殖者遭受经济损失的，由县级以上地方人民政府依法予以补偿。

第四章　激励措施

第二十六条　县级以上人民政府应当采取示范奖励等措施，扶持规模化、标准化畜禽养殖，支持畜禽养殖场、养殖小区进行标准化改造和污染防治设施建设与改造，鼓励分散饲养向集约饲养方式转变。

第二十七条　县级以上地方人民政府在组织编制土地利用总体规划过程中，应当统筹安排，将规模化畜禽养殖用地纳入规划，落实养殖用地。

国家鼓励利用废弃地和荒山、荒沟、荒丘、荒滩等未利用地开展规模化、标准化畜禽养殖。

畜禽养殖用地按农用地管理，并按照国家有关规定确定生产设施用地和必要的污染防治等附属设施用地。

第二十八条　建设和改造畜禽养殖污染防治设施，可以按照国家规定申请包括污染治理贷款贴息补助在内的环境保护等相关资金支持。

第二十九条　进行畜禽养殖污染防治，从事利用畜禽养殖废弃物进行有机肥产品生产经营等畜禽养殖废弃物综合利用活动的，享受国家规定的相关税收优惠政策。

第三十条　利用畜禽养殖废弃物生产有机肥产品的，享受国家关于化肥运力安排等支持政策;购买使用有机肥产品的，享受不低于国家关于化肥的使用补贴等优惠政策。

畜禽养殖场、养殖小区的畜禽养殖污染防治设施运行用电执行农业用电价格。

第三十一条　国家鼓励和支持利用畜禽养殖废弃物进行沼气发电，自发自用、多余电量接入电网。电网企业应当依照法律和国家有关规定为沼气发电提供无歧视的电网接入服务，并全额收购其电网覆盖范围内符合并网技术标准的多余电量。

利用畜禽养殖废弃物进行沼气发电的，依法享受国家规定的上网电价优惠政策。利用畜禽养殖废弃物制取沼气或进而制取天然气的，依法享受新能源优惠政策。

第三十二条　地方各级人民政府可以根据本地区实际，对畜禽养殖场、养殖小区支出的建设项目环境影响咨询费用给予补助。

第三十三条　国家鼓励和支持对染疫畜禽、病死或者死因不明畜禽尸体进行集中无害化处理，并按照国家有关规定对处理费用、养殖损失给予适当补助。

第三十四条　畜禽养殖场、养殖小区排放污染物符合国家和地方规定的污染物排放标准和总量控制指标，自愿与环境保护主管部门签订进一步削减污染物排放量协议的，由县级人民政府按照国家有关规定给予奖励，并优先列入县级以上人民政府安排的环境保护和畜禽养殖发展相关财政资金扶持范围。

第三十五条　畜禽养殖户自愿建设综合利用和无害化处理设施、采取措施减少污染物排放的，可以依照本条例规定享受相关激励和扶持政策。

第五章　法律责任

第三十六条　各级人民政府环境保护主管部门、农牧主管部门以及其他有关部门未依照本条例规定履行职责的，对直接负责的主管人员和其他直接责任人员依法给予处分;直接负责的主管人员和其他直接责任人员构成犯罪的，依法追究刑事责任。

第三十七条　违反本条例规定，在禁止养殖区域内建设畜禽养殖场、养殖小区的，由县级以上地方人民政府环境保护主管部门责令停止违法行为;拒不停止违法行为的，处3万元以上10万元以下的罚款，并报县级以上人民政府责令拆除或者关闭。在饮用水水源保护区建设畜禽养殖场、养殖小区的，由县级以上地方人民政府环境保护主管部门责令停止违法行为，处10万元以上 50 万元以下的罚款，并报经有批准权的人民政府批准，责令拆除或者关闭。

第三十八条　违反本条例规定，畜禽养殖场、养殖小区依法应当进行环境影响评价而未进行的，由有权审批该项目环境影响评价文件的环境保护主管部门责令停止建设，限期补办手续;逾期不补办手续的，处 5 万元以上 20 万元以下的罚款。

第三十九条　违反本条例规定，未建设污染防治配套设施或者自行建设的配套设施不合格，也未委托他人对畜禽养殖废弃物进行综合利用和无害化处理，畜禽养殖场、养殖小区即投入生产、使用，或者建设的污染防治配套设施未正常运行的，由县级以上人民政府环境保护主管部门责令停止生产或者使用，可以处 10 万元以下的罚款。

第四十条　违反本条例规定，有下列行为之一的，由县级以上地方人民政府环境保护主管部门责令停止违法行为，限期采取治理措施消除污染，依照《中华人民共和国水污染防治法》、《中华人民共和国固体废物污染环境防治法》的有关规定予以处罚:

（一）将畜禽养殖废弃物用作肥料，超出土地消纳能力，造成环境污染的;

（二）从事畜禽养殖活动或者畜禽养殖废弃物处理活动，未采取有效措施，导致畜禽养殖废弃物渗出、泄漏的。

第四十一条　排放畜禽养殖废弃物不符合国家或者地方规定的污染物排放标准或者总量控制指标，或者未经无害化处理直接向环境排放畜禽养殖废弃物的，由县级以上地方人民政府环境保护主管部门责令限期治理，可以处 5 万元以下的罚款。县级以上地方人民政府环境保护主管部门作出限期治理决定后，应当会同同级人民政府农牧等有关部门对整改措施的落实情况及时进行核查，并向社会公布核查结果。

第四十二条　未按照规定对染疫畜禽和病害畜禽养殖废弃物进行无害化处理的，由动物卫生监督机构责令无害化处理，所需处理费用由违法行为人承担，可以处 3 000 元以下的罚款。

第六章　附　　则

第四十三条　畜禽养殖场、养殖小区的具体规模标准由省级人民政府确定，并报国务院环境保护主管部门和国务院农牧主管部门备案。

第四十四条　本条例自 2014 年 1 月 1 日起施行。

附录七　畜禽养殖禁养区划定技术指南

为贯彻落实《畜禽规模养殖污染防治条例》《水污染防治行动计划》，指导各地科学划定畜禽养殖禁养区 (以下简称禁养区)，推进畜禽养殖污染防治，引导畜牧业绿色发展，制定本指南。

1　适用范围

本指南适用于主要畜禽禁养区的划定。

2　划定依据

(1)　《环境保护法》
(2)　《畜牧法》
(3)　《水污染防治法》
(4)　《大气污染防治法》
(5)　《畜禽规模养殖污染防治条例》
(6)　《水污染防治行动计划》
(7)　《饮用水水源保护区划分技术规范》 (HJ/T 338—2007)
(8)　其他有关法律法规和技术规范

3　术语与定义

3.1　畜禽

包括猪、牛、鸡等主要畜禽，其他品种动物由各地依据其规模养殖的环境影响确定。

3.2　畜禽养殖场、养殖小区

指达到省级人民政府确定的养殖规模标准的畜禽集中饲养场所 (以下简称养殖场)。

3.3　禁养区

指县级以上地方人民政府依法划定的禁止建设养殖场或禁止建设有污染物排放的养殖场的区域。

4　基本要求

以优化畜禽养殖产业布局、控制农业面源污染、保障生态环境安全为目的，以统筹兼顾、科学可行、依法合规、以人为本为基本原则，根据《全国主体功能区划》《全国生态功能区划（修编版）》，综合考虑各区域主体功能定位及生态功能重要性，在与生态保护红线格局相协调前提下，以饮用水水源保护区、自然保护区的核心区和缓冲区、风景名胜区、城镇居民区、文化教育科学研究区等区域为重点，兼顾江河源头区、重要河流岸带、重要湖库周边等对水环境影响较大的区域，科学合理划定禁养区范围，切实加强环境监管，促进环境保护和畜牧业协调发展。

5　划定范围

5.1　饮用水水源保护区

包括饮用水水源一级保护区和二级保护区的陆域范围。已经完成饮用水水源保护区划分的，按照现有陆域边界范围执行；未完成饮用水水源保护区划分的，参照《饮用水水源保护区划分技术规范》（HJ/T 338—2007）中各类型饮用水水源保护区划分方法确定。

其中，饮水水源保护一级保护区内禁止建设养殖场。饮用水水源二级保护区禁止建设有污染物排放的养殖场（注：畜禽粪便、养殖废水、沼渣、沼液等经过无害化处理用作肥料还田，符合法律法规要求以及国家和地方相关标准不造成环境污染的，不属于排放污染物）。

5.2　自然保护区

包括国家级和地方级自然保护区的核心区和缓冲区，按照各级人民政府公布的自然保护区范围执行。自然保护区核心区和缓冲区范围内，禁止建设养殖场。

5.3　风景名胜区

包括国家级和省级风景名胜区，以国务院及省级人民政府批准公布的名单为准，范围按照其规划确定的范围执行。其中，风景名胜区的核心景区禁止建设养殖场；其他区域禁止建设有污染物排放的养殖场。

5.4　城镇居民区和文化教育科学研究区

根据城镇现行总体规划，动物防疫条件、卫生防护和环境保护要求等，因地制宜，兼顾城镇发展，科学设置边界范围。边界范围内，禁止建设养殖场。

5.5 依照法律法规规定应当划定的区域

法律法规规定的其他禁止建设养殖场的区域。

6 工作流程

6.1 摸清底数

县级以上地方环保部门、农牧部门会同有关部门依据国家和地方法律、法规、规章等，结合当地经济社会发展规划、生态环境保护规划、畜牧业发展规划等，识别和初步确定禁养区划定范围。

6.2 核定边界

在初步确定划定范围的基础上，组织开展实地勘察，调查禁养区划定相关基础信息 (包括有关地物信息，养殖场分布、养殖规模等)，明确拟划定禁养区范围边界拐点，形成禁养区划定初步方案，包括比例尺一般不低于 1：50000 的畜禽禁养区分布图，以及禁养区划定范围的文字描述等。

6.3 征求意见

禁养区划定初步方案应当征求同级有关部门意见，并向社会公开征求意见。根据反馈意见进行修正，必要的应当进行现场勘核，形成禁养区划定方案 (送审稿)。

6.4 报批公布

各地环保部门、农牧部门将禁养区划定方案 (送审稿) 报上一级地方环保部门、农牧部门进行技术审核后，报请同级人民政府批准并向社会公布。

省级环保部门、农牧部门应当及时掌握本行政区域禁养区划定情况，并定期向环境保护部、农业部报送工作进展情况。

7 其他

7.1 禁养区划定后原则上 5 年内不做调整;需要调整的，根据本指南开展工作。

7.2 已完成禁养区划定的、已形成禁养区划定初步方案的，但划定范围与本指南要求不符的，应当根据本指南予以调整。

7.3 禁养区划定工作已明确牵头部门的，可按现有工作机制开展工作;需调整的，可依据本指南对现有工作机制予以调整。

7.4 禁养区划定完成后，地方环保、农牧部门要按照地方政府统一部署，积极配合有关部门，依据《水污染防治法》第五十八条、第五十九条和《畜禽规模养殖污染防治条例》第二十五条等有关法律法规的规定，协助做好禁养区内确需关闭或搬迁的已有养殖场关闭或搬迁工作。

附录八　常见饲料原料成分及营养价值表

（节选自 2016 年第 27 版 中国饲料数据库）

饲料名称	饲料描述	干物质（%）	粗蛋白质（%）	代谢能ME（兆焦/千克）	钙（%）	总磷（%）	有效磷（%）	赖氨酸（%）	蛋氨酸（%）
玉米	成熟，1级，GB/T 17890—2008	86.0	8.7	13.56	0.02	0.27	0.11	0.24	0.18
高粱	成熟，NY/T1级	86.0	9.0	12.30	0.13	0.36	0.12	0.18	0.17
小麦	混合小麦，成熟GB1351—2008 2级	87.0	13.9	12.72	0.17	0.41	0.13	0.35	0.21
稻谷	成熟，晒干 NY/T 2级	86.0	7.8	11.00	0.03	0.36	0.15	0.29	0.19
次粉	黑面，黄粉 NY/T 211—92 2级	88.0	13.6	12.76	0.08	0.48	0.15	0.59	0.23
小麦麸	传统制粉工艺GB 10368—89 1级	87.0	15.7	5.69	0.11	0.92	0.24	0.63	0.23
米糠	新鲜，不脱脂NY/T 2级	87.0	12.8	11.21	0.07	1.43	0.10	0.74	0.25
大豆粕	去皮，浸提或预压浸提 NY/T 1级	89.0	47.9	10.58	0.33	0.62	0.21	2.99	0.68
棉籽粕	浸提 GB 21264—2007 1级	90.0	47.0	7.78	0.28	1.04	0.36	2.13	0.63
菜籽粕	浸提 GB/T 23736—2009 2级	88.0	38.6	8.16	0.65	1.02	0.35	1.30	0.63
鱼粉	沿海产的海鱼粉，脱脂，12样平均值	90.0	60.2	11.8	3.96	3.05	3.05	4.72	1.64
肉骨粉	屠宰下脚，带骨干燥粉碎	93.0	50.0	9.96	9.20	4.70	4.70	2.60	0.67
石粉					35.84				
磷酸氢钙					29.60	22.77			

参 考 文 献

曹顶国，韩海霞，雷秋霞，2008.鲁禽1号麻鸡的选育研究.畜牧与兽医，40 (7):45-49.

曹顶国，李淑青，韩海霞等，2006.优质肉鸡的放状饲养管理技术.中国家禽,28(12):26-26.

曹顶国，逯岩，2006.浅谈我国家禽业面临的几个问题.山东农业科学(2):80-82.

陈大君，杨军香，2013.肉鸡养殖主推技术.北京：中国农业科学技术出版社.

陈理盾，李新正，靳双星，2009.禽病彩色图谱.沈阳：辽宁科学技术出版社.

董永军，赵永静，2014.肉鸡高效养殖关键技术及常见误区纠错.北京：化学工业出版社.

谷风柱，李玉保，刁有江，2014.肉鸡疾病诊治彩色图谱.北京：机械工业出版社.

韩海霞，曹顶国，雷秋霞，2008.鲁禽3号麻鸡配套系的选育研究.家畜生态学报，29(3) :28-32.

李桂明，韩海霞，雷秋霞等，2008.数量限饲对肉鸡肉质的影响.家禽科学(1):46-48.

李如治，2010.家畜环境卫生学.第3版.北京：中国农业出版社.

李淑青，曹顶国，2016.肉鸡标准化养殖主推技术.北京：中国农业科学技术出版社.

刘晨，许日龙，1992.实用禽病图谱.北京：中国农业科技出版社.

逯岩，曹顶国，2014.高效养优质肉鸡.北京：机械工业出版社.

逯岩，曹顶国，雷秋霞等,2010."817"肉鸡生产现状及存在的问题.家禽科学(1):4-6.

逯岩，刘长春,2012.肉鸡标准化养殖技术图册.北京：中国农业科学技术.

美国安伟捷育种公司–北京代表处,2008.爱拔益加父母代肉用种鸡饲养管理手册.

彭健，陈喜斌,2015.饲料学.第2版.北京：科学出版社.

王生雨，曹顶国,2008.二十年铸就山东优质肉鸡大发展——访山东省农科院家禽育种专家逯岩研究员.家禽科学(3): 3-5.

杨宁,2000.家禽生产学.第2版.北京：中国农业出版社.

张克英,2013.肉鸡标准化规模养殖图册.北京：中国农业出版社.

张秀美,2011.肉鸡产业先进技术.济南：山东科学技术出版社.

赵桂苹,2017.肉鸡养殖轻简化技术图册.北京：金盾出版社.

赵吉金,张会文,李红斌,2017.家禽规模养殖与养殖场经营.北京：中国农业科学技术出版社.

周安国，陈代文,2011.动物营养学.第3版.北京：中国农业出版社.

图书在版编目（CIP）数据

高效健康养肉鸡全程实操图解/李淑青，曹顶国主编 . —北京：中国农业出版社，2018.8（2019.7 重印）
（养殖致富攻略）
ISBN 978-7-109-23640-0

Ⅰ.①高… Ⅱ.①李…②曹… Ⅲ.①肉鸡—饲养管理—图解 Ⅳ.①S831.92-64

中国版本图书馆 CIP 数据核字（2017）第 300003 号

中国农业出版社出版
（北京市朝阳区麦子店街 18 号楼）
（邮政编码 100125）
责任编辑 刘 伟

北京万友印刷有限公司印刷 新华书店北京发行所发行
2018 年 8 月第 1 版 2019 年 7 月北京第 2 次印刷

开本：720mm×960mm 1/16 印张：13.25
字数：260 千字
定价：36.00 元
（凡本版图书出现印刷、装订错误，请向出版社发行部调换）